NOTICE HISTORIQUE

SUR LES MANUFACTURES IMPÉRIALES

DE

TAPISSERIES DES GOBELINS

ET DE

TAPIS DE LA SAVONNERIE,

PRÉCÉDÉE

DU CATALOGUE DES TAPISSERIES QUI Y SONT EXPOSÉES.

PARIS. — TYPOGRAPHIE DE HENRI PLON,
IMPRIMEUR DE L'EMPEREUR,
8, RUE GARANCIÈRE.

NOTICE HISTORIQUE

SUR LES MANUFACTURES IMPÉRIALES

DE

TAPISSERIES DES GOBELINS

ET DE

TAPIS DE LA SAVONNERIE,

PRÉCÉDÉE

DU CATALOGUE DES TAPISSERIES QUI Y SONT EXPOSÉES,

PAR A. L. LACORDAIRE,

DIRECTEUR DE CET ÉTABLISSEMENT.

Troisième édition.

PARIS,

A LA MANUFACTURE DES GOBELINS.

A LA LIBRAIRIE ENCYCLOPÉDIQUE DE RORET,
RUE HAUTEFEUILLE, 12;
H PLON, LIBRAIRE, IMPRIMEUR DE L'EMPEREUR,
RUE GARANCIÈRE, 8;

J. B. DUMOULIN, LIBRAIRE,
QUAI DES AUGUSTINS, 13;
ET CHEZ LES PRINCIPAUX LIBRAIRES

1855

EXPLICATION DU PLAN.

A Corps de garde.
B Logement du concierge.
C Logement du brigadier, chef des gagistes.
D Galerie d'exposition.
E Atelier des tapisseries.
F Magasins particuliers de l'atelier de tapisserie.
G Atelier de tapis.
H Magasins des laines pour tapis.
I Chapelle.
K Atelier de teinture et laboratoire de chimie.
L Écoles de tapisseries et de tapis.
M Magasins des tapisseries fabriquées.
N Rentraiture.
O École de dessin.
P Logement du garde du matériel.
Q Grands jardins, divisés en 103 parcelles.

L'administration et les bureaux sont, au 1er étage, en F et H.

Les bâtiments, indiqués par masses, sont affectés au logement d'une partie du personnel de la manufacture; ils renferment 81 familles (222 personnes).

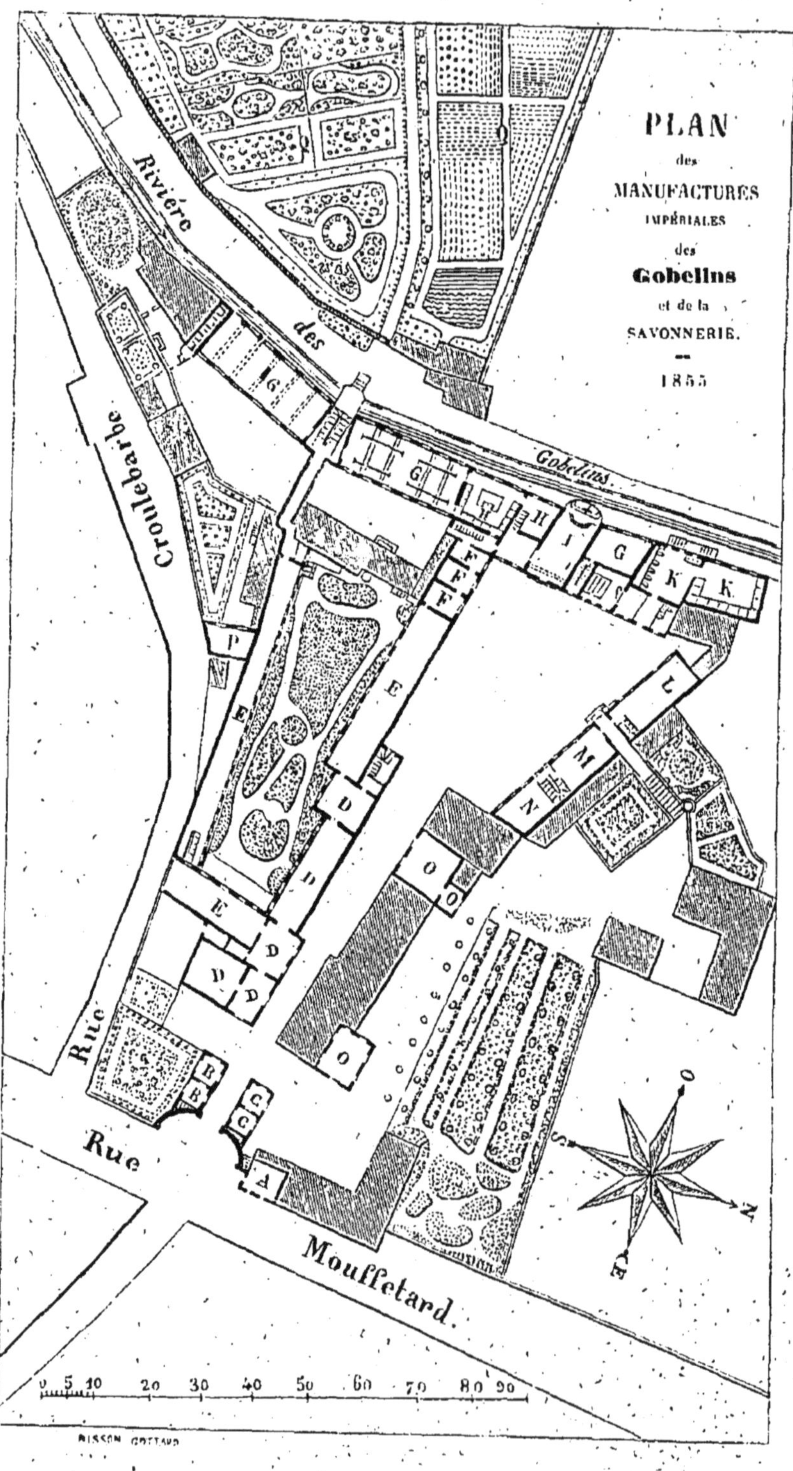
PLAN
des
MANUFACTURES
IMPÉRIALES
des
Gobelins
et de la
SAVONNERIE.
1855
Rivière
des
Gobelins
Rue
Croulebarbe
Rue
Mouffetard.
0 5 10 20 30 40 50 60 70 80 90
BISSON COTTARD

CATALOGUE DES TAPISSERIES

EXPOSÉES

A LA MANUFACTURE DES GOBELINS (1).

---

1. LE PARNASSE, d'après Raphaël, fragment (côté gauche) exécuté par J. Jans fils, en haute lisse. (Fin du dix-septième siècle.)
2. LE PARNASSE (idem), fragment (côté droit) exécuté par Jans fils.

Le Parnasse, d'après Raphaël, a été arrangé, pour tapisserie, en 1685, sous la direction de Charles le Brun; le coloris diffère essentiellement de celui de la peinture du Vatican, qui a servi de modèle; les vêtements de la plupart des personnages ont été enrichis d'ornements composés et peints par Baptiste Monnoyer.

3. L'ÉCOLE D'ATHÈNES, fragment pour entre-fenêtres, exécuté par Jean Jans fils, en haute lisse. (Fin du dix-septième siècle.)
4. INCENDIE, fragment des batailles de Scipion, d'après Jules Romain, exécuté en basse lisse, sous Louis XIV, par l'entrepreneur le Blond. (Commencement du dix-septième siècle.)

(1) Le défaut d'étendue des salles d'exposition ne permet pas d'exposer simultanément la totalité des tapisseries désignées dans le catalogue.

5. Bataille de Constantin contre Maxence, d'après Raphaël et Jules Romain, fragment (côté gauche) exécuté, sous Charles le Brun, par Lefèvre père, avec rehauts d'or.

6. Paysage, fragment pour entre-fenêtres, exécuté dans le cours du dix-huitième siècle.

7. Triomphe de Bacchus, d'après Raphaël et Noël Coypel; tapisserie exécutée, au commencement du dix-huitième siècle, en haute lisse, par Lefèvre fils.

8. Arabesques, d'après Raphaël et Noël Coypel, représentant l'architecture, exécutée en haute lisse, au commencement du dix-huitième siècle, par Lefèvre fils.

9. Arabesques, d'après Hallé (Claude Guy), Boulongne l'aîné, pour les figures, et le Moine (Jean), dit le Lorrain, pour les ornements.

Ces fragments décorent les portes des salles d'exposition, et ont été exécutés dans les dernières années du dix-septième siècle.

10. Arabesques, d'après les mêmes, représentant des sujets relatifs à l'art de la musique.

11. Arabesques, d'après les mêmes, représentant les dévidoirs et les travaux de la teinturerie des Gobelins.

12. Termes doubles pour entre-fenêtres, d'après le Brun, exécutés, en basse lisse, par l'entrepreneur le Blond, dans les premières années du dix-huitième siècle.

13. Termes simples, représentant des enfants; même époque.

14. Bataille d'Alexandre, Porus vaincu, d'après le Brun; fragment pour entre-fenêtres, rehaussé d'or, encadré d'une riche bordure, exécuté sur la fin du dix-septième siècle.

15. L'Été, partie de la tenture dite des Enfants jardiniers; tapisserie exécutée en basse lisse, de 1727 à 1750, par l'entrepreneur, Étienne-Claude le Blond, d'après un modèle composé sur les dessins de Ch. le

Brun, et peint par Yvart fils, pour les figures; Chastelain, pour le paysage; de Fontenay fils, pour les fleurs; Desportes, pour les animaux.

16. L'Automne, tapisserie de la même suite, exécutée par le même, d'après le même peintre, sauf les figures, qui ont été peintes par Mathieu.

17. Fond de dais avec armoiries, exécuté en haute lisse, en 1734, par Lefèvre fils, pour le cardinal camerlingue, ministre du pape Clément XII.

18. Portière à fond d'or, représentant l'hiver sous la figure de Saturne, exécutée en basse lisse, de 1700 à 1720, d'après Claude Audran, pour les ornements, et L. Boulongne, pour les figures.

19. Portière à fond de soie, représentant Junon, exécutée en basse lisse, vers 1730, d'après Claude Audran et L. Boulongne.

20. Portière à fond jaune, d'après François Boucher.

L'Amour allumant son flambeau au feu du soleil est le sujet principal de la décoration de cette portière exécutée en basse lisse, vers 1750, par l'entrepreneur Neilson.

21. Portière représentant Neptune, exécutée en basse lisse, d'après Claude Audran et L. Boulongne, par Neilson, en 1758.

22. Cheval dévoré par les loups, d'après Sneyders; tapisserie exécutée en 1772 (basse lisse).

23. Vénus aux forges de Vulcain, tapisserie exécutée en 1774, d'après Boucher, par l'entrepreneur Cozette, en haute lisse.

24. Silène et Églé, tapisserie exécutée en haute lisse, vers 1775, par l'entrepreneur Cozette, d'après Noël Hallé.

25. Don Quichotte servi par les Dames, tapisserie exécutée en basse lisse, d'après Ch. Coypel, par Neilson, en 1779.

26. Proserpine, ornant de fleurs la statue de Cérès, sa mère, est aperçue par Pluton; tapisserie exécutée en haute lisse, d'après Vien, vers 1785.

27. Combat de Mars et de Diomède, d'après le Doyen; tapisserie exécutée en haute lisse à la fin du dix-huitième siècle.

28. Les Taureaux, partie de la tenture dite *des Indes,* d'après Desportes, exécutée en basse lisse, vers 1778.

29. Sujet allégorique représentant la paix, le commerce et l'abondance, exécutée en haute lisse, vers 1766, d'après Belle père (Clément-Louis).

30. Sommeil de Renaud, d'après le même; tapisserie exécutée vers 1780, en haute lisse.

31. Clytie changée en fleur, d'après le même; tapisserie exécutée vers 1780, en haute lisse.

32. Adieux d'Hector et d'Andromaque, d'après Vien; tapisserie exécutée en haute lisse, vers 1780.

33. Triomphe d'Amphitrite, d'après Hugues Taraval; tapisserie exécutée en haute lisse, par Cozette fils, en 1792.

34. Sylvie sauvée par Amynthe de la fureur d'un monstre, sujet tiré de la tragi-comédie d'*Amynthe et Sylvie,* du Tasse; tapisserie exécutée en haute lisse, d'après F. Boucher, en 1796.

35. Napoléon visitant les pestiférés de Jaffa, d'après Gros; tapisserie de haute lisse, terminée en 1815.

36. Bonaparte donnant ses ordres le matin de la bataille d'Austerlitz, d'après Vernet (Horace) (fragment, côté gauche, moitié du tableau).

L'exécution de cette tapisserie et des douze suivantes a été interrompue par les événements de 1814 et 1815; toutes sont de haute lisse.

37. NAPOLÉON DONNANT LA CROIX A UN SOLDAT RUSSE (fragment, d'après Debret, élève de David, côté gauche, moitié du tableau).

38. LES SOLDATS DU 76e RÉGIMENT DE LIGNE RETROUVANT LEURS DRAPEAUX DANS L'ARSENAL D'INSPRUCK, d'après Meynier (fragment, le tiers du tableau).

39. NAPOLÉON PASSANT LA REVUE DES DÉPUTÉS DE L'ARMÉE, d'après Serangeli (fragment, les deux tiers du tableau).

40. CLÉMENCE DE NAPOLÉON ENVERS LA PRINCESSE HATZFELD, d'après Charles de Boisfremont (fragment, les trois quarts du tableau).

41. LE TRAITÉ DE PAIX DE LÉOBEN, d'après Lethière-Guillon (fragment, moitié du tableau).

42. LA REDDITION DE VIENNE, d'après Girodet-Trioson (fragment, moitié du tableau).

43. ENTREVUE DES EMPEREURS NAPOLÉON ET ALEXANDRE SUR LE NIÉMEN, d'après Gautherot (fragment, les deux tiers du tableau).

44. ENTREVUE DE NAPOLÉON ET DE LA REINE DE PRUSSE A TILSITT, d'après Berton (fragment, les deux tiers du tableau).

45. BONAPARTE PARDONNANT AUX RÉVOLTÉS DU CAIRE, d'après Guérin (fragment, les deux tiers du tableau).

46. PAIX DE TILSITT (fragment, la moitié du tableau).

47. NAPOLÉON RECEVANT AU CAMP DE FINKENSTEIN L'AMBASSADEUR DE PERSE, MYRZA, d'après Mulard (le tiers du tableau).

48. NAPOLÉON RENDANT AU CHEF D'ALEXANDRIE SES ARMES, d'après Mulard (le tiers du tableau).

49. PORTRAIT DE L'IMPÉRATRICE JOSÉPHINE, d'après Lethière; tapisserie exécutée en 1809.

50. ZEUXIS CHOISISSANT UN MODÈLE PARMI LES PLUS BELLES DE LA GRÈCE POUR PEINDRE HÉLÈNE, fragment exécuté en haute lisse, sur chaîne de soie, d'après Vincent, en 1817.

51. CLÉOMBROTE ET CHÉLONIS ; tapisserie exécutée en 1819, d'après Lemonnier, en haute lisse :

Cléombrote, après avoir épousé Chélonis, fille de Léonidas, monte, au préjudice de son beau-père, sur le trône de Sparte. Chélonis l'abandonne, pour suivre son père dans la mauvaise fortune. Mais bientôt Léonidas est rappelé par les Lacédémoniens et condamne son gendre à mort. Chélonis se jette aux pieds de son père, obtient la commutation de cette peine en un simple exil ; et lorsque Léonidas la prie de rester auprès de lui, déclare qu'elle suivra son mari en exil. Cet acte de dévouement est le sujet que le peintre a voulu représenter.

52. MARIE-ANTOINETTE ET SES ENFANTS, d'après Mme Lebrun ; tapisserie achevée en 1818.

53. PIÉTÉ FILIALE, OU OFFRANDE A ESCULAPE, d'après Guérin ; tapisserie de haute lisse, achevée le 20 décembre 1820.

54. PHÈDRE ET HIPPOLYTE, d'après le même peintre ; tapisserie de haute lisse, achevée en 1823.

55. MÉLÉAGRE ENTOURÉ DE SA FAMILLE qui le supplie de prendre les armes pour repousser les ennemis prêts à se rendre maîtres de la ville de Calydon ; tapisserie de haute lisse, exécutée en 1823, d'après Menageot.

56. PIERRE LE GRAND SUR LE LAC DE LADOGA, d'après Steuben ; tapisserie de haute lisse, terminée en 1824 (1).

57. JEANNE D'ARC, d'après Blondel ; tapisserie exécutée en 1831. Elle est en haute lisse, ainsi que toutes les suivantes.

58. PYRRHUS PRENANT ANDROMAQUE SOUS SA PROTECTION, d'après Guérin ; tapisserie achevée le 30 juin 1832.

59. SAINTE CLOTILDE, d'après le même peintre ; tapisserie exécutée en 1833.

60. ENTRÉE TRIOMPHALE D'ALEXANDRE LE GRAND A BABYLONE, d'après Ch. le Brun ; tapisserie terminée en 1834.

(1) Le même sujet a été traduit en tapisserie en 1819.

61. La Famille de Darius aux pieds d'Alexandre, d'après le même peintre; tapisserie achevée en 1838.

62. La Conjuration des Strélitz; tapisserie achevée en 1838;

Trait de la jeunesse de Pierre le Grand, d'après Steuben :

Lors de la révolte des Strélitz, Pierre Ier, enfant, fut conduit par sa mère et un petit nombre de serviteurs fidèles au couvent de la Trinité, à quelques lieues de Moscou. Cette retraite fut connue des rebelles. Une troupe furieuse accourt, enfonce les portes et massacre tout ce qu'elle rencontre. La czarine, avec son fils, poursuivie par deux meurtriers, se réfugie dans une chapelle, place son enfant sous l'image de la Vierge, et menace les assassins de la vengeance divine s'ils osent consommer leur crime. Saisi de respect, l'un d'eux se prosterne; l'autre hésite, regarde l'image, et dit à son camarade : « Frère, non pas près de l'autel. » Cependant un nombreux détachement de cavalerie vole au secours du czar. Les rebelles prennent la fuite, l'enfant et la mère sont sauvés.

63. Paysage, fleurs, fruits et gibier, d'après Desportes; tapisserie terminée en 1849.

64. Sainte Geneviève, d'après le carton de M. Ingres; tapisserie achevée en 1849.

65. Saint Remy, d'après le carton du même peintre; tapisserie achevée en 1850.

66. Psyché et l'Amour, d'après Raphaël; partie de la décoration du palais Farnèse; tapisserie achevée en décembre 1850.

67. Le Printemps, d'après M. Steinheil, imitation libre d'une composition de Lancret; tapisserie terminée en 1851; l'entourage a été fabriqué, vers 1780, d'après Jacques, peintre de fleurs.

68. L'Automne, d'après le même, imitation de Lancret, tapisserie achevée en 1851; entourage de même date que le précédent.

69. L'Assemblée des dieux, d'après Raphaël et une copie de Papety, partie de l'histoire de Psyché et de la

décoration du palais Farnèse; tapisserie achevée en 1852.

70. Adieux de Vénus a Junon et a Cérès, d'après Raphaël; partie de la décoration du palais Farnèse; tapisserie achevée en 1853.

71. Portrait de Charles le Brun, premier peintre de Louis XIV, d'après Largillière; tapisserie exécutée sur la fin du dix-huitième siècle.

72. Fragment du tableau de la Transfiguration, traduit en tapisserie par un élève en 1853.

73. Fragment du même tableau, traduit en tapisserie par un élève.

74. La Pêche miraculeuse, d'après Raphaël, et une copie faite au dix-septième siècle, sur les tapisseries du Vatican, par les élèves de l'école française de Rome. Cette tapisserie a été commencée le 28 mars 1850, et terminée le 25 avril 1855.

75. Saint Paul et saint Barnabé a Lystra, pris pour des dieux et refusant un sacrifice, d'après Raphaël, et une copie de même date que la précédente; tapisserie commencée le 15 juillet 1849, et achevée le 7 avril 1855.

76. Portrait de Louis XVI, d'après Callet, tapisserie exécutée en 1817.

77. Déposition du Christ, d'après Michel-Ange de Caravage, et une copie exécutée par Brenet en 1752; tapisserie commencée le 22 février 1852, et achevée le 22 avril 1855.

78. Enlèvement d'Orithye par Borée, d'après le groupe du jardin des Tuileries et le modèle peint par M. Amédée Couder; tapisserie commencée le 18 octobre 1852, et achevée le 25 juin 1855.

79. La Beauté emportée par le Temps, d'après le groupe du jardin des Tuileries et le modèle peint par M. Amédée

Couder, tapisserie commencée le 18 octobre 1852, et achevée le 17 mai 1855.

80. Portrait de Ch. Le Brun, avec entourage symbolique, représentant la sculpture, l'architecture, la peinture, la tapisserie, d'après M. Couder; tapisserie commencée le 19 novembre 1852, et achevée le 10 avril 1855.

81. Portrait de Colbert, d'après Claude Lefebvre; tapisserie commencée le 17 novembre 1852, et achevée le 22 mai 1855.

82. Le Christ au tombeau, d'après Philippe de Champaigne; tapisserie commencée le 27 août 1853, et achevée le 30 septembre 1854.

83. Les Honneurs de la sépulture rendus aux cendres de Phocion, d'après Meynier.

Les ennemis de Phocion avaient fait décréter que son corps serait porté hors du territoire de l'Attique, et que nul Athénien ne pourrait donner de feu pour ses funérailles. Aucun de ses amis n'osa seulement toucher à son corps; mais un certain Conopion, accoutumé à vivre du produit de ces sortes de fonctions, transporta le corps au delà des terres d'Éleusis, et le brûla. Une femme qui se trouva par hasard à ces funérailles avec ses esclaves lui éleva dans le lieu même un cénotaphe, y fit les libations d'usage; et mettant dans sa robe les ossements qu'elle avait recueillis, elle les porta, la nuit, dans sa maison et les enterra sous son foyer, en disant : « O mon foyer! je dépose dans ton sein ces précieux restes d'un homme vertueux; conserve-les avec soin pour les rendre au tombeau de ses ancêtres, quand les Athéniens seront revenus à la raison. »

Cette tapisserie a été achevée le 31 mars 1838.

84. Les Confidences; tapisserie commencée le 15 mai 1853, d'après le tableau original composé vers 1760 pour tapisserie, par Boucher, et achevée le 21 juin 1855.

85. Amynthe et Sylvie; tapisserie commencée le 5 mai 1853, d'après le tableau original de Boucher, même époque, et achevée le 28 juin 1855.

Tapisseries en cours d'exécution.

86. Portières à fond vert semé d'abeilles, sujet mis sur le métier le 13 octobre 1852, pour occuper les artistes tapissiers, temporairement sans emploi.

87. L'Assomption, d'après le Titien, et une copie faite à Venise, par M. Serrur; tapisserie commencée le 5 juillet 1853.

88. La Transfiguration, d'après Raphaël, et une copie de M. Ch. Santi, de Vérone; tapisserie commencée le 22 novembre 1851.

89. Vue du Louvre et des Tuileries, d'après M. Amédée Couder; tapisserie commencée le 19 octobre 1853, et destinée à compléter l'une des pièces de la tenture dite des Châteaux, qui fait partie de l'ameublement des Tuileries.

90. Portrait de Louis XIV, d'après Rigaud; tapisserie commencée le 15 juin 1853.

91. Sainte Famille, dite de Fontainebleau, d'après Raphaël et une ancienne copie; tapisserie commencée le 24 mai 1852.

92. La Diseuse de bonne aventure, d'après François Boucher; tapisserie commencée le 11 octobre 1854.

93. La Pêche, d'après François Boucher; tapisserie commencée le 16 octobre 1854.

94. Le Portrait de S. M. l'empereur Napoléon III, d'après M. Galland; tapisserie commencée le 15 mars 1855.

95. Portrait de S. M. l'impératrice Eugénie, d'après le même peintre; tapisserie commencée le 25 octobre 1854.

96. Portrait de Napoléon, premier consul.

97. Portrait de Pierre le Grand, d'après Steuben; tapisserie commencée le 20 août 1855.

Les onze tapisseries suivantes font partie d'une série de portraits d'artistes illustres qui doit compléter la décoration de la galerie d'Apollon au Louvre.

98. PORTRAIT D'ANDRÉ LENÔTRE, contrôleur général des jardins et bâtiments du roi, d'après M. Appert; tapisserie commencée le 1er novembre 1854.

99. PORTRAIT DE GERMAIN PILON, sculpteur, d'après M. Alexandre Hesse; tapisserie commencée le 8 avril 1855.

100. PORTRAIT DE FRANCESCO ROMANELLI, peintre, d'après M. Chavet; tapisserie commencée le 15 avril 1855.

102. PORTRAIT DE LEMERCIER, architecte, d'après M. Larivière; tapisserie commencée le 1er juin 1855.

103. PORTRAIT DE G. COUSTOU, sculpteur, d'après M. Boulanger; tapisserie commencée le 24 mars 1855.

104. PORTRAIT DE MICHEL ANGUIER, sculpteur, d'après M. Duval; tapisserie commencée le 1er juin 1855.

105. PORTRAIT DE DUPÉRAC, architecte, d'après M. Larivière; tapisserie commencée le 26 juin 1855.

106. PORTRAIT DE JACQUES SARAZIN, sculpteur, d'après M. Brisset; tapisserie commencée le 29 juin 1855.

107. PORTRAIT DE JEAN GOUJON, sculpteur, d'après M. Giraud; tapisserie commencée le 16 juillet 1855.

108. PORTRAIT DE MIGNARD, peintre, d'après M. Daverdoing; tapisserie commencée le 14 juillet 1855.

109. PORTRAIT DE CHARLES LE BRUN, d'après M. Appert; tapisserie commencée le 12 juillet 1855.

PRODUITS DE LA MANUFACTURE DE LA SAVONNERIE.

Dans les salles d'exposition.

110. FEUILLE DE PARAVENT représentant des tigres, exécutée en 1795.

111. FEUILLE DE PARAVENT représentant des renards sur un fond de paysage, exécutée en 1799.

112. Fauteuil, siége et dossier.
113. Étude de chien de chasse, d'après Desportes.

Tapis en cours d'exécution.

114. Un tapis, d'après le modèle de M. Despleschin; reproduction libre d'un tapis de l'époque de Henri IV; commencé le 10 août 1855.
115. Autre tapis, d'après M. de Saint-Ange.
116. Autre tapis, d'après le même.
117. Chaises et fauteuils, d'après MM. Godefroy et Chabal.

NOTICE

SUR L'ORIGINE ET LES TRAVAUX

DES MANUFACTURES

DE

TAPISSERIES DES GOBELINS

ET DE

TAPIS DE LA SAVONNERIE.

CHAPITRE PREMIER.

Origine de l'art des tapisseries. — Anciennes corporations des tapissiers.

L'art de fabriquer les tapisseries, originaire de l'Orient, où, dès la plus haute antiquité, on savait imiter la peinture en combinant des fils de diverses couleurs (1), a été, selon l'opinion commune, introduit en France dans

(1) Le métier sur lequel s'exécutaient ces tissus est l'une des inventions primitives qu'on retrouve chez tous les peuples, et paraît avoir été le plus anciennement mis en usage pour opérer un tissu quelconque. Ce métier, à chaîne verticale, perfectionné dans la suite des âges, est encore employé aujourd'hui à la manufacture des Gobelins sous le nom de métier à *haute lisse*. Les Égyptiens furent, dit-on, les premiers qui, pour faciliter la fabrication des tissus ordinaires, disposèrent différemment la chaîne et le travail, en rendant le métier horizontal; de là, par opposition, le nom de métier à *basse lisse* qui lui a été donné. Des fragments de tissus égyptiens faisant partie de la collection Clot-Bey, récemment acquise par le musée du Louvre, donnent une idée de cet art antique et du degré de perfection auquel il était déjà porté à une époque fort reculée.

le cours du neuvième siècle : saint Angelme de Norvége, évêque d'Auxerre, mort en 840, faisait exécuter pour son église un grand nombre de tapis (1) ; vers 985, les religieux de l'abbaye de Saint-Florent de Saumur fabriquaient eux-mêmes, dans leur enclos, des tapisseries et diverses sortes d'étoffes (2) ; Matthieu de Loudun, abbé de ce monastère, nommé en 1133, y fit exécuter pour son église une tenture complète ; sur l'une des deux pièces qui devaient orner le chœur, on représenta les vingt-quatre vieillards de l'Apocalypse ; sur l'autre pièce, un sujet tiré du même livre, et sur celles de la nef, des chasses de bêtes fauves (3). Vers l'an 1060, Gervin, abbé de Saint-Riquier, fit remarquer sa libéralité par les tentures qu'il acheta et *par les tapis qu'il fit faire* (4). Il existait à Poitiers, en 1025, une manufacture de tapisseries et de tapis dont le tissu offrait des figures d'animaux, des portraits de rois et d'empereurs, des sujets tirés de l'histoire sainte (5) ; les villes de Reims, de Troyes, de Beauvais, d'Aubusson, de Felletin, de Tours, d'Arras ont également vu de bonne heure cette industrie se naturaliser chez elles (6). Dans le développement considérable

(1) Le Bœuf, *Histoire d'Auxerre*, tom. I, pag. 173. — Le Père Labbe, *Histoire de l'Église d'Auxerre*, chap. xxxv.

(2) D D. Martenne et Durand, *Historia monasterii sancti Florenti salmuriensis*, ampl. col., tom. V.

(3) *Ibid.*

(4) *In palliis adquirendis, in tapetibus faciendis.* Vit. S. Gerv., c. vii ; apud d'Ach. et Mab., *ibid.*, tom. IX, pag. 322.

(5) Hist. Episc. Autissiod, cap. liii, apud Labbe, nov. bibl. manuscr., tom. I, pag. 457. — Le Bœuf, *Mém. concern. l'hist. d'Aux.*, tom. I, part. i, pag. 258. — Chron. Gaufredi, cap. ix, apud Labbe, *ibid.*, tom. II, pag. 283. — Episc. Carnut. elogia ; apud Mabill. analecta vet. monum., tom. II, page 598.

(6) Dans cette brève énumération, Arras est compris comme faisant partie du territoire français depuis deux siècles ; mais, en réalité, c'est à la Flandre qu'appartient la célébrité de cette ville dans l'industrie des tapis et des tentures.

qu'elle présente à ces époques reculées, non-seulement en France, mais encore dans diverses parties de l'Europe, l'Orient ne peut toutefois revendiquer que les éléments primitifs et le fait d'une simple initiation; il y a loin des grossières images, des rudes figures, à teintes plates, tracées sur quelques anciens tissus persans ou byzantins, aux admirables scènes représentées sur les tapisseries de l'Occident. Les tissus eux-mêmes, soit pour la matière, soit pour le travail, diffèrent essentiellement: ceux du Levant sont d'or, de soie et brochés (1); les tapisseries de l'Occident, jusqu'au douzième siècle, sont de laine, de fil, et à trame continue. Lorsque Charles VI, roi de France, après la bataille de Nicopolis, en 1595, voulut savoir, dans l'intérêt des princes et seigneurs français prisonniers, quels seraient les présents les plus agréables au sultan Bajazet Ier, le chevalier Jacques de Helly « respondit à ce et dit que l'Amorath prendrait grand plaisance à voir draps de hautes lices ouvrés à Arras ou Picardie, mais qu'ils fussent de bonnes histoires anciennes....; avecques tout, il pensait que fines blanches toiles de Rheims seroient de l'Amorath et de ses gens recueillies à grand gré, et fines escarlates; car de draps d'or et de soie, en Turquie, le roi et les seigneurs avoient assez et largement, et prenoient *en nouvelles choses* leurs esbattements et plaisances (2). »

Ce texte précis démontre qu'autant les belles étoffes d'or et de soie étaient répandues en Orient, autant les tapisseries historiées y étaient rares et estimées; il est vrai que, *deux siècles* plus tard, Philippe II, roi d'Espagne, recevait de l'un des successeurs d'Amorath vingt

(1) Cette observation ne s'applique pas aux tapis de pied veloutés, dont la filiation se suit d'ailleurs mieux que celles des tapisseries historiées.

(2) Extrait des *Chroniques de sire Jean Froissard*; liv. IV; ch. LIII, an. 1396.

tapisseries de drap d'or sur lesquelles étaient représentées, dans le tissu même, les victoires remportées par le donateur; mais cela n'infirme en rien notre assertion: il n'avait sans doute pas fallu *deux siècles* aux patients ouvriers de Smyrne ou de Constantinople pour se perfectionner, à leur tour, en imitant les chefs-d'œuvre de la textrine occidentale. Il n'existe d'ailleurs pas de notion certaine sur le mérite artistique de ces tapisseries données en présent à Philippe II; on peut, non sans raison, présumer qu'elles étaient à petits personnages, et à teintes plates; ce qui, malgré la communauté d'origine, constitue un art inférieur à celui des tapisseries d'Occident.

Nous ne pousserons pas plus loin ce parallèle et l'étude de ces questions, qui, pour être résolues d'une manière satisfaisante, demanderaient des volumes.

L'histoire de l'art des tapisseries, depuis le neuvième siècle, nous paraît devoir se diviser en trois époques distinctes:

Dans la première, le tapissier n'emploie que des procédés simples et expéditifs; il a ses gammes *invariables* composées d'un petit nombre de couleurs franches, fixées sur la laine et la soie par le teinturier, et pour modèles de simples dessins, légèrement teintés, dont il ne fait, sous le rapport du coloris, qu'une imitation libre et purement conventionnelle.

Chez lui, lors même que les modèles sont des peintures complètes, point de distinction entre tel ou tel maître; sous sa palette, Raphaël et Rubens, Lucas de Leyde et Nicolas Poussin ont exactement la même valeur, se rencontrent sous un vêtement uniforme autrefois appelé *coloris de tapisserie*. Dans ce système, tout est combiné pour une production expéditive; c'est l'ère de *la tapisserie industrielle;* époque qui nous paraît embrasser l'ensemble des productions de cet art, depuis son origine en France, jusqu'à la fondation, en 1662, de la manufacture des meubles de la couronne par Louis XIV.

La seconde époque est celle où, par suite d'une direction nouvelle, le tapissier abandonne graduellement son coloris propre, et où les modèles eux-mêmes subissent de profondes modifications. Ce ne sont plus de simples dessins légèrement teintés, mais, en général, des peintures de plus en plus complètes. De tels changements ne s'effectuent pas sans difficulté : il s'établit une lutte entre le principe industriel et le principe artistique, lutte qui se personnifie dans la manufacture des Gobelins, depuis 1662 jusque vers la fin du dix-huitième siècle.

Dans la troisième et dernière époque, les traditions industrielles et le coloris de convention s'effacent, autant que le permettent les limites imposées par la nature du tissu, par les ressources du teinturier et par l'emploi de la laine et de la soie, au lieu d'une couleur fluide ; des derniers efforts de l'*artiste-tapissier* résulte, non une *copie*, mais une *traduction* d'un caractère particulier, où les qualités diverses du modèle sont rendues avec une harmonie et une science inconnues des siècles précédents. Ces produits surpassent les anciennes tapisseries, autant que la gravure moderne sur buis, exécutée par les plus habiles artistes, surpasse la gravure sur bois de poirier des quinzième et seizième siècles ; la perfection, unique raison d'être de l'art actuel des tapisseries, n'empêche pas cependant quelque tardive protestation de l'élément industriel, totalement subalternisé. Mais il est difficile de remonter le cours des âges ; on ne refera pas plus les tapisseries des premières époques, qu'on ne restaurera l'école de peinture byzantine.

Les plus anciens fabricants de tapisserie en France, nommés dans le recueil des règlements des arts et métiers (1), portaient le nom de *sarrazinois;* dès le douzième siècle, sous le règne de Philippe-Auguste, ils formaient à Paris une importante corporation, qui, entre autres privilèges dûs à la protection royale, jouissait gratuitement de l'exemption de faire le guet. De plus, ils ne devaient au roi rien de ce *qu'ils achetaient et vendaient de leur métier.* Ils avaient enfin la permission de teindre eux-mêmes les *étoffes* (2) employées dans leur fabrication. Ces privilèges, d'une certaine importance pour le temps, se justifient par les conditions exceptionnelles de l'industrie, ou, plus exactement, de l'art du tapissier, art exigeant un long apprentissage, des connaissances variées, des frais considérables, toutes circonstances parfaitement appréciées, même à l'époque où les tapissiers se classaient parmi les simples artisans; nous verrons plus tard les successeurs de saint Louis, Henri IV, Louis XIII, Louis XIV encourager cet art par des faveurs plus réelles, par des subventions d'argent, par l'anoblissement des plus habiles maîtres tapissiers de leur temps, distinction qui n'était pas alors purement honorifique, mais qui emportait l'exemption presque totale des charges publiques.

Le travail des tapissiers sarrazinois paraît n'avoir été qu'une sorte de broderie, ainsi qu'il résulte de quelques documents, et entre autres d'un inventaire des tapisseries du roi Charles VI, du 11 mars 1421 :

X. Item. Une chambre à façon *sarrazinoise,* vieille et usée, contenant ciel, dossier et couverture *brodée* autour de velours pers (3), *brodée à fleurs de lis* et doublée de toile vermeille, et en la couverture et dossier, les

(1) *Registres des mestiers et marchandises de la ville de Paris.* (Manuscrit de la Sorbonne.)

(2) On appelait ainsi les laines, les soies, l'or et l'argent filés, mis en œuvre par les tapissiers.

(3) Bleu foncé.

peaux de deux bêtes sauvaiges, en manière de panthère : prisée quatorze livres parisis.

XXVIII. Item. Une petite coustepointe, de *façon sarrazinoise brodée* sur cuir au milieu, de veluyau (1) pers, un escu aux armes de Bourbon et deux pappegaulx (2), doublé de toile perse : prisée quatre livres parisis.

LV. Item. Une nappe de toile pour autel, *brodée à façon de sarrazins*, contenant quatre aulnes trois quartiers de long et sept quartiers de large : prisée soixante sous parisis.

En 1389, Jean de Croisettes, *tapissier sarrazinois*, demeurant à Arras, vend au duc de Touraine « pour l'hostel de Beauté, *un tapis sarrazinois* à or, de l'histoire de Charlemaine (3).

Ces détails, parfaitement authentiques, reportent la pensée à l'un des plus anciens monuments de l'art de la tapisserie en France, à la tapisserie de la reine Mathilde. Cette princesse, *aidée des dames de sa cour*, aurait, dit-on, *brodé elle-même*, à l'aiguille, l'immense frise de 214 pieds de long et de 18 pouces de haut, qui représente les hauts faits de son époux, la conquête de l'Angleterre, en 1066..... Il nous semble plus naturel de croire que la reine Mathilde s'est bornée à diriger le travail *des dames de sa cour*, et que celles-ci se sont fait aider par d'habiles brodeurs, tels que les *Sarrazinois*... Ce qu'on peut affirmer, c'est que ces derniers ne travaillaient pas *en haute-lisse*, et que d'autres ouvriers, dits haute-lissiers, établis longtemps après eux à Paris, leur faisant concurrence, il y eut, vers la fin du quatorzième siècle, nécessité de terminer leurs différends par la réunion des deux industries en un seul et même corps.

(1) Velours.

(2) Pluriel de pappegai, vieux mot qui signifiait perroquet.

(3) Catal. des arch. de M. le baron de Joursanvault, t. I, p. 132.

Cette incorporation, commencée en 1301, fut entièrement consommée par la confection de statuts communs transcrits sur les registres du Châtelet, *le samedi après les brandons* de l'année suivante. Les nouveaux articles, ajoutés, en 1302, aux statuts de 1277-1280, par le prévôt Pierre Le Jumeau, sont ainsi motivés :

« Après ce, discort fu meu entre les tapiciers sarrazinois deuan diz d'une part, et une autre manière d'ouuriers que l'on appelle *ouuriers en la haute-lice* (1), d'autre part sus ce que les mestres des tapiciers sarrazinois disoient et maintenoient contre les ouvriers en la haute-lice, que ils ne pouoient ne devoient ouvrer en la ville de Paris iusques à ce qu'ils eussent jurez et serementez, aussi comme ils sont de tenir et gardeir tous les poinz de l'ordenanche dudit mestier, en la manière que il est contenu ès lettres dessus transcrites et ou registre de Chastellet, pour ce que c'est aussi un semblable mestier..., si nous requeroient que nous voussissions mettre conssel, tent à ce remède et ensioindre l'un mestier à l'autre, et que il feussent maintenus et loyés tuit ensemble, et chascuns par soi, en toutes choses, selon les poins et l'ordenanche dudit mestier, en la manière que il est dessus ecrit... lesquelles choses contenues es deuandites lettres, toutes et chascune d'icelles en la manière que elles sont dessus dites et escriptes et deuisées, Andriuet de Créqui, Nicholas le Barbier, Philippot Fieux, Remi le Dechargeur, Guillaume et Jehannot, frères dudit Philippot, Pierre du Castel, Guillaume le Viséeur, Raoul Langlais et Raoul Serne, tous ouuriers en la haute-lice, présens par deuant nous, pour eus et pour tout le commun de

(1) Ces ouvriers *en la haute-lice* sont ici nommés pour la première fois dans les règlements des divers corps de métiers. (Manuscrit de la Sorbonne.)

leur mestier ; de la volenté et de l'assentement, Regnaut le tapicier, Simon le Breton, Oliuier le tapicier, Jehan Bonnet, Denise le Sergent et Eustace de Reims... pour eux et pour le commun des tapiciers sarrazinois, voudrent, louèrent et approuuèrent et promistrent de tenir et accomplir, en la manière que elles sont dessus dites et sus la paine des amendes paier toutesfois que cas si offriroit..., et pour les choses dessus dites faire tenir et gardeir, en la manière dessus dite, seront establis, c'est assauoir un mestre dudit mestier de tapiz sarrazinois et autre mestre du mestier de la haute-lice qui garderont lesdis mestiers et corrigeront tous ceux qui à ce mesprendront... ou feront contre les choses dessus dites... »

Les tapissiers sarrazinois et les tapissiers hauts-lissiers formèrent un corps à part, jusqu'en 1625, époque à laquelle on les réunit à d'autres corps de métier qui n'avaient avec eux qu'une affinité très-éloignée : les couverturiers-nôtrés-sergiers, les courtepointiers-coutiers (1). Mais déjà les sarrazinois avaient subi de telles transformations, que leur industrie primitive, à peu près oubliée, était l'objet des plus vagues conjectures ; à ce

(1) Le corps des marchands tapissiers de Paris, l'un des plus anciens et des plus nombreux de cette ville, avait été formé par les incorporations successives de six communautés distinctes : 1° celle des tapissiers sarrazinois ; 2° celle des tapissiers hautelissiers, marchands et fabricants de tapisseries de haute et basse lisse, faisant aussi la *rentraiture ;* 3° celle des tapissiers nôtrés fabricants et marchands de serges, tiretaines, couvertures de soie, coton, laine et façon de Marseille ; 4° celle des tapissiers contrepointiers, marchands de toutes sortes de meubles et tapisseries, fabricants de lits, pavillons, siéges, tentes et autres équipages de guerre, en toutes sortes d'étoffes, de coutils et de toiles peintes et non teintes ; 5° celle des courtepointiers, faiseurs de tentes, pavillons, et autres meubles de coutils et de toiles sans teinture seulement ; 6° enfin celle des courtiers fabricants de coutils.

sujet, Pierre du Pont, maître tapissier de Henri IV, s'exprime ainsi, en 1632 :

« Il est à présumer qu'après l'entière ruine des Sarrazins par Charles Martel, en l'an 726, quelques-uns d'iceux qui sçavoient faire de ces tapis, fugitifs et vagabons, ou possible, rechappés de la défaite, s'habituèrent en France, pour gaigner leur vie, et commencèrent à faire et establir cette manufacture de tapis sarrazinois. De savoir de quelle fabrique ni de quelle métode ou estoffe estoient faits lesdits tapis, on n'en peut que juger, sinon que l'on voit par ladite sentence (celle de 1302) que ces tapissiers sarrazinois sont institués beaucoup devant les tapissiers de haute lisse, et estoient en possession dès longtems, mais sur leur déclin, et que lesdits tapissiers de haute lisse commençoient à naître pour ensevelir et mettre hors lesdits sarrazinois ; comme ils ont fait.

« Tant il y a que cette manufacture, si c'est la mesme, estant manquée, en ces pays, soit qu'elle soit demeurée, entre ces Turcs ; soit qu'elle ait été perdue, depuis ce temps, nous la voyons néanmoins estre relevée et rétablie avec plus de perfection qu'elle n'a jamais esté et qu'elle n'est en la Turquie... (1) »

Ces vicissitudes, ces modifications profondes dans l'art des tapissiers sarrazinois n'empêchent pas leur nom

(1) Extrait du chap. II de la STROMATOURGIE *ou de l'excellence de la Manufacture des tapis dits de Turquie, nouvellement establie en France sous la conduite de noble homme Pierre du Pont, tapissier ordinaire du Roy esdits ouvrages — mieux faire que bien dire — à Paris, en la gallerie du Louvre, en la maison de l'autheur*, 1632.

Ce livre, très-rare, de 42 pages in-4°, est divisé en quatre PARTERRES : « *le premier desquels contient la signification du mot* STROMATOURGIE, *le second l'antiquité et excellence d'icelle, le troisième monstrera de bien et deuëment travailler ès dits ouvrages... ; et le quatriesme et dernier fera mention comment et par qui elle a esté introduite.* »

de se perpétuer jusqu'à l'époque de l'abolition des maîtrises et jurandes, et de figurer dans tous ces règlements de la corporation des maîtres tapissiers.

Plusieurs des six communautés qui avaient contribué, par leur incorporation successive, à la forme du corps des marchands tapissiers voulurent honorer leurs patrons comme auparavant; les sarrazinois-rentrayeurs et les hautelissiers avaient pour patronne sainte Geneviève de Paris. Saint Sébastien était le patron des couverturiers nôtrez; les courtepointiers honoraient saint Louis roi de France et saint François d'Assise. Ce fut ainsi que le corps entier des maîtres tapissiers de Paris conserva quatre patrons; mais, en dernier lieu, il ne célébrait solennellement que la seule fête de saint Louis. La confrérie originairement établie dans la sainte chapelle du palais fut successivement transférée, en 1723, dans l'église des Blancs-Manteaux, et, en 1745, dans celle des bénédictins du prieuré de Saint-Martin-des-Champs (1), où elle était encore à l'époque de la suppression des corporations.

(1) Placés sous une juridiction exceptionnelle, les tapissiers des manufactures royales n'en étaient pas moins, sous le rapport spirituel, unis d'intention avec leurs confrères du dehors : la chapelle de la Manufacture des Gobelins, édifiée par Louis XV, était et est encore sous l'invocation de saint Louis.

CHAPITRE DEUXIÈME.

Des manufactures royales de tapisserie jusqu'à l'établissement de la manufacture des meubles de la couronne, par Louis XIV, en 1662.

La première manufacture royale de tapisseries établie en France fut celle de Fontainebleau; François Ier, sur la fin de son règne, y réunit quelques tapissiers de haute-lisse, sous la direction de Philbert Babou, Sr. de la Bourdaizière (1), surintendant des bâtiments royaux, et de Sébastien Serlio (2), son peintre et *architecteur* ordinaire; il confia l'exécution des modèles, ou *patrons*, à plusieurs des peintres français et étrangers qui travaillaient à la décoration de cette résidence royale.

« Comme le Primatice était fort pratique à dessiner, il fit un si grand nombre de dessins et avait sous lui tant d'habiles hommes que, tout d'un coup, il parut en France une infinité d'ouvrages d'un meilleur goût que ceux qu'on avait vus auparavant... il se trouve même des tapisseries du dessin de Primatice. Il y en a une tenture à l'hôtel de Condé, peinte sur de la toile d'argent, avec des couleurs claires, qui était autrefois à Montmorency (3). »

Les comptes royaux (4), de 1540 à 1547, donnent

(1) Nommé par lettres patentes du 22 janvier 1535.

(2) Nommé par ordonnance du 27 décembre 1541.

(3) Félibien. (*Entretiens sur les vies et les ouvrages des plus excellents peintres anciens et modernes*, t. II, p. 295.)

(4) Arch. de l'empire, J. 961-962. Ces documents ont été, en partie, publiés par M. de Laborde : *De la renaissance des arts à la cour de France, ou études sur le seizième siècle*, t. I.

les noms de ces *habiles hommes* (1) et ceux de quinze ouvriers tapissiers recevant du roi la soie, la laine, l'or et l'argent filé, matières premières de leur fabrication, et payés selon leur talent, de dix à quinze livres par mois (2).

Cette fondation était toutefois de peu d'importance, eu égard aux nombreuses commandes précédemment faites aux fabriques de Paris, et surtout, à celles de Flandres, alors dans tout leur éclat : vers 1512, les tapissiers d'Arras exécutèrent d'après les cartons de Raphaël, les dix pièces de tapisserie représentant la vie de N. S. Jésus-Christ, que François Ier donna au pape à l'occasion de la canonisation de saint François de Paule.

De 1529 à 1530, « Nicolas et Pasquier de Mortaigne,

(1) Lucas Romain, Charles Carmoy, Francisque Cachenemis, Jean-Baptiste Baignequeval, et Claude Badouyn.

« Audit Badouyn, paintre, pour avoir vaqué à faire des patrons sur grand papier, suivant certains tableaux estans en la grande gallerie dudit lieu, pour servir de patrons à ladite tapisserie, à raison de vingt livres par mois. » (De Laborde, *Études sur le quinzième siècle*, t. I.)

(2) Pierre de Bries, quinze livres par mois; Jean Marchais, treize livres par mois; Jean Desbouts, Louis Durocher, Claude Le Pelletier, Pierre Philbert, douze livres dix sous par mois; Pasquier Mailly, Nicolas Eustace, Nicolas Gaillard, douze livres par mois; Jean Texier, Pierre Blassay, dix livres par mois. (*Ibid.*)

« A Jean Le Bries, tapissier de haute-lisse, pour avoir vacqué esdits ouvrages de tapisseries de haute-lisse, suivant les patrons et ouvrages de stuc et painture de la grande gallerie, dudit château de Fontainebleau, à raison de douze livres dix sous par mois.

» A Jean Le Gouyn, tapissier de haute-lisse, pour avoir vacqué à recouldre et regarnir les tapisseries qui estoient gastées, assavoir une chambre de tapisserie de l'histoire du purgatoire d'Amours, contenant huit pièces; une autre chambre de tapisserie du romant de la Rose, contenant cinq pièces; une autre chambre de tapisserie de l'histoire de Jules César, aussi contenant cinq pièces; une autre chambre de tapisserie de l'histoire de Gédéon, contenant onze pièces; quatre grandes pièces de l'histoire d'Alexandre, à raison de dix livres par mois. » (*Ibid.*)

tapiciers demourans à Paris, besongnent à une tapisserie de soye que ledit seigneur leur a ordonnée faire, pour son service, suyvans les patrons que leur en a faict bailler à ceste fin. En laquelle tapisserie seront figurées une Leda, avec certaines mises et satires et autres dépendances de poicterie... (1) » :

A peu près à la même époque, les ateliers de Bruxelles exécutaient pour François Ier :

1° Une tenture de tapisserie de laine et soye rehaussée d'or, dessein de Raphaël, representant les Actes des Apôtres, dans une bordure fond d'or, contenant cinquante-trois aunes de cours sur quatre aunes de haut, en dix pièces, dont une petite qui n'a que trois aunes de haut (2).

2° Une tenture de tapisserie de laine et soye releuée d'or, dessein de Raphaël, representant l'histoire de saint Paul, contenant quarante-deux aunes de cours, en sept pièces, sur trois aunes un tiers de haut.

3° Une tenture de tapisserie de laine et soye releuée d'or, dessein de Jules Romain, representant l'histoire de Scipion (3), contenant cent vingt aunes de cours, en vingt-deux pièces, sur quatre aunes de haut.

(1) Arch. de l'empire; comptes royaux.

(2) Reproduction de la célèbre tenture commandée par Léon X, dont les cartons furent exécutés par Raphaël et le tissu par les tapissiers d'Arras, vers 1514.

(3) Dans les « doubles des rolles des arrestés secrets de François Ier » (Arch. de l'empire, J. 960) se trouve, fol. 14 v°, la mention suivante : « Rolle signé de la main du Roy, à Paris, ce xvije jour de janvier 1533. — « A Francisque Boulongne, deux cens escus d'or soleil pour ung voyaige qu'il va faire en Flandres porter ung petit patron de Scipion l'Affricain, pour la tapissèrie que le Roy fait faire à Bruselles et en rapporter le grant patron de ladite histoire.

» Françoys. »

Il résulte de cette pièce que François Ier avait successivement commandé au peintre et aux tapissiers les deux tentures, dites *le*

4° Une tenture de tapisserie de laine et de soye releuée d'or, dessein de Raphaël, representant la fable de Psyché, avec la deuise de la Salamandre et deux F couronnés dans la bordure, contenant cent six aunes de cours, en vingt-six pièces, sur deux aunes deux tiers de haut.

5° Une tenture de tapisserie de laine et soye releuée d'or, fabrique de Bruxelles, dessein de Jules Romain, representant la fable d'Orphée, contenant vingt-huit aunes de cours en huit pièces, sur trois aunes de haut.

6° Une tenture de tapisserie de laine et soye rehaussée d'or, dessein de Jules Romain, représentant les métamorphoses d'Ouide, dans des camayeux de grisailles, au milieu de chaque pièce, entourés de rainceaux, or et uert, contenant seize aunes de cours, en six pièces, sur trois aunes un quart de haut.

7° Une tenture de tapisserie de laine et soye rehaussée d'or, dessein de Raphaël, representant l'histoire de Josué, contenant quarante-trois aunes de cours, sur trois aunes trois quarts de haut, en huit pièces (1).

8° Une tenture de tapisserie toute de soye, rehaussée d'or, dessein de Jules Romain, représentant les Bacchanales, contenant vingt-une aunes de cours, en sept pièces, sur trois aunes un tiers de haut.

9° Une tapisserie de laine et soye, releuée d'or, dessein de Jules Romain, représentant l'histoire de Lucrèce,

grand et *le petit Scipion;* la première fut payée vingt-deux mille écus. Nous ne connaissons pas le prix de la seconde; elle se composait de 10 pièces de 57 aunes de cours, et des sujets suivants : l'armée navale; Scipion recevant les officiers; l'assaut de Carthage; le festin; la grande bataille; Scipion sur son trône; Scipion allant au combat; la conférence de Scipion et d'Annibal; une seconde bataille; l'incendie.

(1) Cette tenture avait été achetée, en 1538, d'un marchand de la ville d'Anvers, au prix de 15440# 12s 6d.

contenant vingt-une aunes de cours, en cinq pièces, sur trois aunes un quart de haut.

En 1528, François Ier achète, d'un marchand de la ville d'Anvers,

1° Une tenture « de Loth et de Constantin, faicte sur or et sur soye, contenant cent cinquante sept aunes de Flandres (1) » au prix de 4,640″ tournois.

2° « Six pièces de tapisserie faictes de fils d'or et de soye, ou est l'histoire de Jherobouam, contenant ensemble, à LX aulnes pour chacune piece, trois cens soixante aulnes de Flandres » au prix de 8,860″ tournois.

3° « Sept autres pièces de tapisserie de layne et de soye, contenant trois cens douze aulnes de Flandres, esquelles est figurée l'histoire de Perseus. »

En 1537, acquisition d'un marchand de Bruxelles, de « IJ[c] XIIJ aulnes ung quart et demye de tapisserie qui contiennent l'histoire de Remus et Romulus, des espalliers, de la création du monde et autres pièces que ledict seigneur a luy-mesmes achactées aux priz de trente-cinq escuz l'aulne...... » et d'une autre tapisserie, en or et soye et en cinq pièces « esquelles sont figurées cinq aages du monde, contenant ensemble IIIJ[xx] VIIJ aulnes IIJ quarts, que le Roy a luy mesmes achactées...... à XX escus sol l'aulne..... »

Il nous serait facile d'augmenter cette liste de nombre d'articles compris, comme les précédents, dans les inventaires des meubles de la couronne et les comptes royaux; telle qu'elle est, elle nous semble donner une idée de l'importance, à cette époque, des tapisseries comme objets d'ameublement, de la somptuosité déployée par François Ier et de l'impulsion qui dut en ré-

(1) L'aune de Flandres a 25 pouces 8 lignes de longueur, et produit en carré 658 pouces 4 lignes.

L'aune de France a 44 pouces de longueur, et produit en carré 1936 pouces.

sulter dans cette branche des arts industriels. Il ne faut pas, toutefois, prendre au pied de la lettre les récits plus ou moins exagérés que font de la beauté de ces tentures quelques contemporains.

« ...... Ce grand roy, dit Brantôme (*Discours* XLV, *François Ier*) fut aussy fort somptueux en meubles, et les deux belles tapisseries qu'on voit encore en font foy. L'une du triomphe de Scipion qu'on a veu tendre souvent aux grandes sales, le jour des grandes festes et assemblées, que cousta vingt deux mille escus de ce temps-là, qui estoit beaucoup. Aujourd'huy on ne l'auroit pas pour cinquante mille écus, comme j'ay ouï dire; car elle est toute relevée d'or et de soye : c'est la mieux historiée et les personnages les mieux faits qu'on sçauroit voir. A l'entrevue de Bayonne, les seigneurs et dames d'Espagne l'admiroient fort et n'en avoient veu de telle à leur Roy. Aussi étoit-ce un chef-d'œuvre de Flandres. — Quant à moy, je puis dire que c'est la plus belle tapisserie que j'aye jamais veu, et si j'en ay bien veu parmy le monde où j'ay esté.... »

Des non-valeurs de toutes sortes déparaient ces œuvres si vantées; parmi les tapissiers de ce temps, et même d'époques plus rapprochées de nous, il était de tradition et de règle qu'on ne devait apprendre à dessiner que par le travail de la tapisserie. On plaçait, en conséquence, les jeunes enfants sur les parties les moins difficiles, sur les bandes, les bordures, etc.; les élèves un peu plus avancés, sur les fonds, les terrains, les draperies; les maîtres, *les officiers de têtes,* se réservaient les carnations. Or, comme dans toute tapisserie, quel qu'en soit le système, l'harmonie dans le ton général, dans le modelé, dans le dessin est la condition la plus difficile à remplir et en même temps celle dont l'absence exclut toute idée de perfection, facilement on se rendra compte des disparates qui devaient résulter de cette association, sur les mêmes pièces de tapisserie, d'enfants et d'adolescents étrangers aux arts du dessin, et de maîtres uniquement formés par le maniement de la *broche* (1).

S'il en était ainsi d'œuvres exécutées d'après des maîtres célèbres, on comprend à quel degré infime, sous le rapport de l'art, devaient descendre les tapisseries exécutées d'après de médiocres compositions. Ici, les raisonnements instruisent peu ; ce sont les œuvres elles-mêmes qu'il faut examiner ; il en subsiste assez de l'époque de François Ier, et même d'époques antérieures, pour vérifier, *de visu*, l'exactitude de nos assertions.

On doit présumer que François Ier, en installant un atelier de tapisserie dans sa résidence favorite, eut pour mobile une pensée de perfectionnement, non moins que le désir de faire exécuter sous ses yeux des tapisseries qui lui fussent propres. Ce n'est toutefois qu'une simple hypothèse que ne confirme, jusqu'à ce jour, aucun document, aucune pièce authentique de tapisserie émanée de cet atelier.

Henri II conserva l'établissement de Fontainebleau et en confia la direction générale à Philibert de Lorme, surintendant des bâtiments royaux et son architecte ordinaire ; il créa aussi, à l'hôpital de la Trinité (2), une

(1) Instrument qui, pour le tapissier, remplace la navette du tisserand.

(2) Fondé à Paris dans le onzième siècle et supprimé au commencement de la révolution, occupait la plus grande partie de l'îlot compris entre les rues Saint-Denis, Grénétat et Guérin-Boisseau. On y entretenait cent trente-six orphelins, dont cent garçons et trente-six jeunes filles dits *les enfants bleus*, à cause de la couleur de leurs vêtements ; ils apprenaient à lire, à écrire, puis un métier. Grâce au zèle des administrateurs de cette maison, son enclos devint un lieu privilégié ; les artisans du dehors qui venaient s'y établir gagnaient la maîtrise à la seule condition de montrer leur état aux enfants orphelins, qui devenaient alors fils de maîtres.

fabrique de tapisseries qui, par suite de la concession de divers priviléges, parvint rapidement à une grande prospérité. Parmi les tapisseries sorties de ces nouveaux

ateliers, celles de Saint-Merry, exécutées en 1594 sur les dessins de Henry Lerambert, par un maître tapissier nommé *Dubourg*, méritent une mention particulière, si on en juge, non par les tissus eux-mêmes, détruits ou dispersés, mais par les beaux dessins qui ont servi à l'exécution des modèles en grand de ces tapisseries (1).

L'église de Saint-Merry en possédait trente-sept, toutes exécutées de 1584 à 1595. Il n'en reste plus une seule. Les dernières servaient encore, il y a quelques années, *à boucher les trous des fenêtres de l'église;* elles représentaient les principaux traits de la vie de Notre-Seigneur Jésus-Christ.

Pour donner une idée du style remarquable de la plupart de ces compositions, nous avons choisi le dessin de la tapisserie *de l'Institution du Saint-Sacrement,* « pièce donnée, en 1586, à l'église de Saint-Médéric, par maître Pierre Guiche, l'un des curés de cette paroisse, qui y est représenté. » (*Description des tapisseries de Saint-Médéric.*)

Le même peintre, sous la régence de Catherine de Médicis, reine essentiellement amie des arts, mit la main à l'une des plus importantes séries de compositions qui aient été faites pour la tapisserie : l'histoire de Mausole et d'Arthémise, en trente-neuf dessins (2); ou plutôt, l'histoire de Catherine de Médicis, sous l'emblème de la reine Arthémise. Une épître dédicatoire adressée à la reine et écrite en tête du recueil de ces dessins par un Sr Houël, explique comment il avait imaginé « .... de dresser un dessein de peinture qui se montrast braue en tapisserie, et qui peut servir de patron à beaucoup d'ouvriers... » « Je commence cette histoire, dit-il, tant pour sa grace et beauté, que pour une conformité de vertus que vous avez avec cette grande Royne Arthémise, et pour estre les siècles où vous avez vescu toutes deux non beaucoup differens les uns des autres.... »

(1) Ces dessins sont conservés à la bibliothèque impériale, sous la cote AD. 3145 — estampes.

(2) Bibliothèque impériale, Cab. des Est. AD. 63.

Par la comparaison des dates de quelques faits rapportés dans cette épître, on voit que ces dessins ont été exécutés entre 1559 et 1570 ; chacun d'eux est orné du chiffre de la reine, du cartel mi-partie de France et de Médicis, de la devise : *Ardorem extincta testantur vivere flamma* (1), et d'emblèmes en rapport avec les sentiments qu'elle exprime : une flamme, la faux de Saturne, des miroirs brisés.

Pendant cinq règnes successifs, ces compositions eurent le privilége d'occuper les ateliers royaux. De 1570 à 1660, nous comptons dix tentures d'Arthémise, dont quelques-unes de 10 et 15 (2) pièces, le tout ensemble ne formant pas moins de 66 pièces de tapisserie, de 360 aunes de cours, et de 1440 aunes carrées, équivalant à une superficie de 1711 mètres carrés.

La fécondité du crayon de Henry Lerambert est encore attestée par d'autres compositions, notamment par celles de la tenture de Coriolan, exécutée plusieurs fois, à Paris et à Tours, sous les règnes de Charles IX, Henri III et Henri IV. L'une des tentures de ce nom, fabriquée à Paris, n'avait pas moins de soixante-six aunes de cours, en *dix-sept pièces*, de trois aunes sept huitièmes de haut.

(1) « Ils attestent que l'ardeur subsiste, alors que la flamme est éteinte. »

(2) « Une tenture de tapisserie d'haute-lisse de laine et soie rehaussée d'or, fabrique de Paris, dessein de *Lerambert*, représentant l'histoire d'Arthémise, avec les armes de France et de Navarre, au milieu de la borderie d'en haut, contenant soixante-trois aunes de cours, *en quinze pièces*, sur quatre de haut.

« Une tenture de tapisserie d'haute-lisse de laine et soie, fabrique de Paris, dessein de *Caron* représentant l'histoire d'Arthémise avec les armes de France et de Navarre dans la bordure d'en haut, contenant quarante-deux aunes de cours, en *onze pièces*, sur quatre aunes de haut. » (Cette tenture, ainsi que nous l'expliquerons plus loin, représentait l'histoire allégorique de *Marie de Médicis*.) (*Extrait de l'inventaire des meubles de la couronne*, 1690.)

Une autre, exécutée à *Tours*, avait vingt aunes et demie, de cours, en huit pièces de trois aunes de haut.

Pour terminer ce court aperçu des travaux de tapisserie exécutés ou plutôt préparés sous le règne agité des fils de Henri II (1), nous citerons encore :

« Une tenture de tapisserie de laine et soye, fabrique de France, manufacture de Cadillac, représentant l'histoire du roy Henry troisième, contenant *cent dix-sept aunes de cours*, en *vingt-sept pièces*, sur trois aunes deux tiers de haut.

» Une tenture de laine et soye, fabrique de Paris, dessein de Guyot, représentant quelques actions principales d'aucuns de nos roys, avec la devise d'Henry III, dans la bordure d'en bas, contenant trente-deux aunes de cours, en neuf pièces, sur trois aunes un quart de haut. »

Les troubles de cette époque eurent une influence funeste sur les manufactures royales et sur l'industrie privée; quelques historiens les représentent, à l'avénement de Henri IV, comme en décadence, ou même comme totalement anéanties (2), ce qu'il nous est difficile de prendre au pied de la lettre. Il n'en était pas moins réservé à Henri IV de leur donner un nouvel essor et d'établir, sur une grande échelle, ce que ses prédécesseurs avaient simplement ébauché : par ordre de ce prince, des ouvriers en or et en soie furent appelés d'Italie (3), et des tapissiers de haute lisse installés, en

(1) Des cartons ou modèles exécutés à une époque n'ont souvent été que très-postérieurement reproduits en tapisserie.

(2) « En 1594, il (Du Bourg) y faisoit (à la Trinité) les tapisseries de Saint-Meri, d'après les dessins de Lerambert, dont il étoit si grand bruit que Henri IV les ayant été voir, et les ayant trouvées à son gré, résolut de rétablir à Paris les manufactures de tapisseries que le désordre des règnes précédents avoit *abolies*. » (Sauval, liv. IX.)

(3) On les mit « en un grand logis de la rue de la Tixeranderie, appelé *la Maque*, où ils fabriquaient surtout des tentures d'or et d'argent frisé. » (Sauval, *Antiq. de Paris*, liv. IX.)

1597, sous la direction de Laurent, *excellent tapissier,* dans la maison professe des jésuites, au faubourg Saint-Antoine, vacante depuis l'expulsion de ces religieux.

«...... Laurent recevait un écu par jour et cent livres de gages, et comme il avait quatre apprentis, leur pension fut taxée à dix sols tous les jours pour chacun. Quant aux compagnons qui travaillaient sous lui, les uns gagnaient vingt-cinq sols, les autres trente, les autres quarante. Avec le temps, Dubourg (le maître tapissier qui avait fait les tapisseries de Saint-Merry) fut associé, et là demeurèrent ensemble jusques au rappel des jésuites, et pour lors, ils furent transférés dans les galeries (1). Après la mort du roi, ils n'eurent plus que quarante sols par jour et vingt-cinq écus de pension pour les apprentis; mais toujours on continuait à leur fournir les étoffes, et ils travaillaient encore à la journée. Depuis ce temps, ils ont toujours demeuré dans la galerie du Louvre (2) avec les autres artisans; mais,

(1) Cette translation eut lieu sur la fin de l'année 1603; la décision pour le rétablissement des jésuites avait été prise, en conseil, à Saint-Germain en Laye, le 25 septembre de la même année. Un peu plus tard, en 1607, permission fut donnée à tous les artistes et maîtres ouvriers de la galerie du Louvre, parmi lesquels on comptait des peintres, des sculpteurs, des graveurs en pierres précieuses, des horlogers, des tapissiers *en ouvrages du Levant,* des tapissiers de haute-lisse, etc., de travailler pour le public, en quelque lieu que ce fût, et aux apprentis qui auraient fait leur apprentissage sous lesdits maîtres, pendant le temps requis, autorisation de tenir boutique, tant en la ville de Paris qu'en toute autre ville du royaume, tout ainsi que s'ils eussent fait leur apprentissage sous les maîtres desdites villes.

Le parlement retarda pendant environ un an l'enregistrement de ces lettres patentes, parce qu'elles portaient quelque préjudice aux maîtres ouvriers et communautés de la ville qui, sans doute, y avaient mis opposition. (Coll. Fontanien, vol. 452, 453.)

(2) Girard Laurent, tapissier ordinaire du Roy, reçut son brevet de logement dans la galerie du Louvre, le 4 janvier 1608. Il se démit de cette charge (de tapissier ordinaire du Roy) en faveur de son fils Girard Laurent à qui le brevet en fut expédié, le 21e mars 1613.

quelque part qu'ils aient été, ils ont joui de tous les priviléges de la Trinité, et même de quelques autres. » (Sauval, *Antiquités de Paris*, liv. IX.)

« Dubreuil, peintre fameux, et Tremblai, fort bon sculpteur, » furent aussi momentanément logés dans la maison professe des jésuites. (*Ibid.*)

Ce fut là sans doute que Dubreuil exécuta les cartons de la tenture dite de Diane, en huit pièces, de trente aunes de cours, dont nous trouvons plusieurs exemplaires, et, entre autres, une tenture réduite, à petits personnages, également en huit pièces, de vingt-cinq aunes de cours, sur trois aunes un seize de haut.

Un atelier aussi restreint ne pouvait, toutefois, remplir les vues de Henri IV : pour *oster l'oysiveté de parmi ses peuples, pour embellir et enrichir son royaume*, il ne devait pas, en effet, se borner à fabriquer lui-même, mais favoriser le développement de l'industrie privée et l'établissement de véritables manufactures ; c'est dans ce but qu'il fit venir de Flandres, où depuis longues années l'art des tapisseries était dans l'état le plus florissant (1), une colonie de tapissiers, qu'il lui accorda les

(1) La fécondité des manufactures flamandes, où pendant plus d'un siècle et demi se recrutent incessamment les fabriques françaises, ne peut-être assez admirée ; déjà florissantes au douzième siècle, ces manufactures parviennent, en trois cents ans, au plus haut degré de prospérité, et reçoivent de Charles-Quint une constitution définitive. (Ordonnance du 16 mai 1544 *sur le style et mestier des tapisseries des Pays-Bas*, divisée en quatre-vingt-dix articles, et contenant sur cette fabrication des détails aussi nombreux que précis.) Quelques années plus tard, en 1553, un peintre d'Alost, nommé Couke, monte à Constantinople une fabrique de tapisserie de haute-lisse ; vers 1650, un fameux tapissier d'Audenarde, nommé Janssens (connu en France sous le nom de Jans), conduit à Paris une colonie de tapissiers flamands, et s'installe dans l'hôtel des Gobelins... Les manufactures flamandes, au dix-huitième siècle, tombent en décadence ; les dernières se ferment vers 1784... Ce sont celles de Bruxelles. On conserve dans le château de Zèle (appartenant à M. E. van Mel-

priviléges les plus étendus et la mit sous la direction générale du sieur de Fourcy, intendant de ses bâtiments :

« Aujourd'hui, douzième jour de janvier mil six cens un, le Roy étant a.... désirant que les ouvriers étrangers que Sa Majesté a fait venir des Pays-Bas, pour travailler ès tapisseries en la ville de Paris, soient établis et fassent leurs ouvrages sous la conduite de quelques personnes affectionnées à Sa Majesté, qui ayent aussi l'œil à ce que lesdits ouvriers soyent pourveus de tout ce qu'il leur sera nécessaire, conférer de ce qui se présentera avec les maistres desdites tapisseries et leur faire fournir deniers; et voulant davantage, Sadite Majesté, prendre quelque quantité desdites tapisseries pour l'ameublement de ses maisons et chasteaux, Sadite Majesté mémorative de la charge qu'elle a cy devant donnée au sieur de Fourcy, intendant et ordonnateur de ses bâtiments, pour les tapisseries de haute lisse qu'elle fait faire en la ville de Paris, a voulu et ordonné, veut et ordonne que ledit sieur de Fourcy ait encore aussy la charge et inten-

dert), plus de cent grandes tentures provenant d'un fabricant nommé J. B. Brandt, qui ne ferma ses ateliers qu'en 1772.... Il y avait au garde-meuble, à l'époque de Louis XIV, de très-belles tentures exécutées en Flandre, savoir : Les Douze mois de l'année, d'après Lucas de Leyde (copiés aux Gobelins, en 1721, par Chastellain et Yvart pour servir de modèles de tapisseries) ; les Sept Ages, par le même; la Passion de N.-S. J.-C.; la Passion de saint Jean; le tableau de la Vie humaine, d'après Albert Durer; les Chasses de l'empereur Maximilien, attribuées par quelques connaisseurs à Bernard van Orlay, qui travaillait du temps de Raphaël, et qui a eu la direction de toutes les tapisseries que les papes, les empereurs et les rois ont commandées en Flandre, d'après des dessins d'Italie. Enfin, il y avait dans la grande église de Chartres une tenture de dix pièces admirablement exécutées en laine et soie, d'après des dessins de Raphaël, pour les loges du Vatican, représentant des traits de l'Ancien Testament. Elles étaient d'origine flamande, et avaient été données à cette église par Mgr de Thou, évêque de Chartres.

dance de tout ce qui dépendra du fait de l'establissement desdits ouvriers tapissiers flamands, logement d'iceux, ordonne de tous et chacun les deniers que Sadite Majesté fera mettre, pour cet effect, ès mains des trésoriers de ses bastiments, auxquels il expédiera toutes ordonnances et acquits à ce nécessaires et ordonner de tout ce qui dépendra du fait et fabrique desdites tapisseries, mêmes des nécessités desdits ouvriers, selon les occasions et occurrences..... (1) »

Dans la même année (11 septembre 1601) :

« De par le Roy, deffences sont faictes à tous marchans tapissiers et autres, de quelque estat et condition qu'ils soient, de faire doresnavant apporter, venir et entrer dans ce royaume aucunes tapisseries à personnages, boccages ou verdures (2), des pays estrangers, lesquelles Sa Majesté a deffendues, sur peine de confiscation d'icelles, dont le tiers appartiendra à Sadicte Majesté, un autre au dénonciateur, et l'autre à ceux de la compagnie des maistres ouvriers et tapissiers ausquels Sa Majesté l'a affecté; ce qui sera publié en tous lieux et endroits que besoing sera, pour avoir ladicte deffense lieu du jour que la publication en sera faicte, affin qu'aucune n'en prétende cause d'ignorance..... »

(1) Par le texte du brevet donné au Sr de Fourcy deux ans auparavant (4 janvier 1599) pour la direction des ouvriers flamands, on voit que la négociation avec ces derniers était alors peu avancée : « ...... Ayant, à cette fin, fait recherche d'ouvriers, tant peintres que tapissiers, pour travailler aux patrons et tapisseries, et iceux fait accommoder en la maison des jésuites rue Saint-Antoine, et *pensant aussi Sadite Majesté que le dessein qu'elle a de faire venir des Païs-Bas grand nombre d'ouuriers pour trauailler auxdictes tapisseries réussira,* et étant besoin de faire élection de personnage capable..... qui ait l'œil sur lesdits ouvriers et soin d'eux, etc..... »

(2) On appelait ainsi les tapisseries à paysages, de dernier ordre, comme art, où ne figuraient que des personnages et animaux de très-petite dimension, sans modelé, et dégradation de couleur, autrement que par teintes plates.

Marc de Comans (1) et François de la Planche, tous deux originaires des Pays-Bas, furent chargés de l'entreprise et de la direction particulière de la manufacture de tapisseries, *façon de Flandres;* Henri IV les anoblit, et leur conféra, par lettres patentes de janvier 1607, privilége non-seulement pour Paris, mais encore pour toutes les villes du royaume où il leur plairait de s'établir :

« ..... Nous avons pris ceste résolution d'establir en nostre ville de Paris et autres, en ce royaume, la manufacture de tapisseries, en intention de rendre cappables nosdicts subjects, par la praticque et expérience qu'en feront les seigneurs Marc de Commans et François de la Planche, et compagnie, lesquels nous avons faict venir du Pays-Bas, depuis leur arrivée, entendus diverse foys sur ce subject, avec aucuns des plus notables bourgeois et marchans de nostre ville de Paris qui ont quelque congnoissance en cest art..... » (Préamb. des lettres pat., 1607.)

Les articles portent :

« ..... Que pendant vingt-cinq ans, nul ne pourra imiter leurs manufactures; que le roy leur donnera, à ses dépens, des lieux pour les loger, eux et leurs ouvriers, ces derniers déclarés regnicoles et naturels, sur leur certification et sans lettres patentes, exemptés de tailles et de toutes autres charges pendant lesdites vingt-cinq années; que les maîtres, après trois ans; les apprentis, après six ans, pourront avoir boutiques, sans faire chef-d'œuvre, et ce, durant les vingt-cinq années; que le roy leur donnera, la première année, vingt-cinq enfants, la seconde vingt et autant la troisième, tous françois, dont il payera la pension et les parents l'entre-

(1) Le père de Marc de Comans, Jérosme de Comans, sieur de Villars, né à Anvers en 1560, employé à diverses négociations par les rois de France, d'Espagne, d'Angleterre, s'était retiré en France, et y avait reçu de Henri IV le titre de *son maistre d'hostel ordinaire.*

tien, pour apprendre le mestier; que les entrepreneurs tiendront quatre-vingts mestiers au moins, dont soixante à Paris; qu'ils auront, chascun, quinze cents livres de pension et cent mille livres pour commencer le travail; que toutes les estoffes employées par eux, sauf l'or et la soye, seront exemptes d'impositions; qu'ils pourront partout tenir brasseries et vendre bierre; que l'entrée des tapisseries estrangères est défendue, et qu'en vendant les leurs, ce sera au prix que les autres se vendent aux Pays-Bas; que tous leurs procès seront jugés en première instance; par-devant les juges du lieu et par appel, au parlement de Paris, en quelque lieu qu'ils soient. »

Les prévôt des marchands et échevins de la ville de Paris firent quelque difficulté pour l'entérinement et la vérification de ces lettres patentes; leur avis motivé constate que les tapissiers de Paris *ne travaillaient qu'en haute-lisse*, tandis que ceux de Flandres avaient universellement adopté le métier de basse-lisse, qui se prête à une fabrication plus rapide, mais dont les produits sont, sous le rapport de l'art, inférieurs à ceux de haute-lisse.

« ..... Et d'aultant, disent les prévot et echevins, que la tapisserie de haulte-lisse qui a cy devant fleury en ceste dicte ville et délaissée et discontinue, depuis quelques années, est beaucoup plus précieuse et meilleure que celle de *la Marche* (1) (ou de *basse-lisse*), dont ils usent au Païs-Bas, qui est celle que l'on veult à present establir, nous prions nosdicts sieurs de la Court de supplier Sadicte Majesté de donner moyen aux tappissiers de haulte-lisse de ceste ville de nourrir et entretenir nombre d'apprentils françois pour ledict establissement dont la despence sera fort petite..... »

(1) Le métier de basse-lisse était ainsi nommé des *pédales*, se mouvant avec les pieds, dont il est muni.

Par les soins du sieur de Fourcy, la colonie flamande fut, dit-on, établie dans quelques bâtiments encore debout du palais des Tournelles; ce lieu, également désigné pour les manufactures d'étoffes de soie fondées par Henri IV (1), n'était pas de suffisante étendue; aussi, dès l'année 1603, voyons-nous les Srs de Comans et de la Planche installés au fauboug Saint-Marcel, dans l'une des maisons et à proximité des ateliers de teinture de la famille Gobelin.

«..... De mesme aussi, dit un historien contemporain, en la maison des Gobelins, aux faubourgs Saint-Marcel, le Roy a faict accommoder les ouvriers de hautes-lisses et des tapisseries de Flandres, y ayant faict venir les plus industrieux de tous ces pays-là; lesquels aussi, tant pour les commoditez que Sa Majesté leur a donné, que pour se faire valoir eux-mesmes, y aportèrent toute diligence; et ne se pourroit rien veoir de mieux; ny pour les personnages ausquels il semble qu'il ne leur reste plus que la parole, ny pour les païsages et histoires qui sont représentés après le naturel; tellement que la France semble se vouloir revendiquer la juste possession des arts et inventions de toutes sortes (2)..... »

(1) Henri IV écrivait à ce sujet, le 27 avril 1607, à Sully : « Je vous recommande la place Royale; j'ai appris par le contrôleur Donon qu'il se trouvait quelques difficultés avec les manufactures, pour ce qu'ils vouloient abattre tout le logis; ce n'est pas mon avis, et me semble que ce seroit assez qu'ils fissent une forme de galerie devant... »

(2) Palma-Cayet, *Chronologie septenaire*, 1603, p. 258; édit. de MM. Michaud et Poujoulat, petit in-fol., 1838.

Le texte cité ci-dessus ne constitue pas l'unique preuve de l'établissement de Marc de Comans et de François de la Planche, au faubourg Saint-Marcel, dans les premières années du dix-septième siècle.

L'historien de Thou, liv. CXXIX, s'exprime ainsi :

« On établit aussi des manufactures de tapisseries au faubourg

La famille Gobelin comptait alors plus d'un siècle de célébrité industrielle. Jehan Gobelin, premier du nom, *teinturier en escarlate*, s'était établi, vers 1450, sur les bords de la rivière de Bièvre, dont les eaux passaient alors pour être d'une qualité supérieure pour la teinture. Selon une tradition peu certaine, il était originaire de Rheims (1); il dépensa, dit-on, de si grandes sommes pour sa teinturerie, qu'on appela cet établissement *la folie Gobelin;* mais une fortune rapide étant venue donner raison à l'auteur de cette prétendue folie, le peuple racontait ensuite comment il avait fait un pacte avec le diable..... De ces diverses assertions, une seule, celle qui

Saint-Marceau, où on mit des ouvriers qu'on avoit fait venir de Flandres... »

On lit dans les registres de la paroisse Saint-Hippolyte, sur laquelle était située cette manufacture :

« Nouembre 1604.

« Du 25 jour, audit an, fut baptisée Françoise, fille de noble homme, François de la Planche, tapissier du Roy, et de damoiselle Catherine Anuicart. La marine, damoiselle Élisabet de Picard, femme de feu noble homme Loys de la Planche ; le parin, noble homme Marc Comans, aussi tapissier du Roy, tous de ceste paroisse. »

Et dans les registres capitulaires de Saint-Marcel (L. 285, Arch. de l'empire) :

« Du xij[e] octobre 1608...

« Il est permis aux sieurs Commans faire faire la prédication aux Flammants, les jours de saint Dymanche, depuis huict heures du matin, jusques à neuf, en ceste église Sainct-Marcel. »

(1) Les recherches faites à ce sujet dans les archives de Rheims et de Châlons-sur-Marne n'ont donné aucun résultat. Nous ne citerons que pour mémoire l'opinion émise, vers le milieu du dix-septième siècle, par deux voyageurs hollandais visitant Paris et ses merveilles; le 11 janvier 1657, ils franchissent la rivière des Gobelins, « ... *On la nomme ainsi*, disent-ils, *de ces fameux teinturiers flamands qui se nommaient Gobeelen, et, par corruption de langue, on en a fait Gobelins !...* »

(Manusc. de la Bibl. de la Haye, n° 1186, — cité par M. Jubinal; lettre à M. de Salvandy; 1846. Bibl. imp[ale], Z).

attribue une grande fortune à la famille Gobelin, est fondée ; mais cette prospérité fut le prix des persévérants efforts de plusieurs générations : Jehan Gobelin Ier ne paraît pas s'être élevé fort au-dessus de ses confrères et émules, les Canaye, teinturiers *en escarlate*, établis à la même époque sur la rive droite de la Bièvre. Il eut de *Perrette, sa femme*, treize enfants, dont huit filles, maria l'une d'elles, *Mathurine*, à Severin Canaye, *tainturier en escarlate*, et mourut en 1476 (1), laissant, pour ses successeurs dans *le mestier de teinture*, Philibert, son fils aîné, et Jehan, son troisième fils. C'est par l'un de ses petits-fils, Philibert, deuxième du nom, ou Jehan Gobelin III, et seulement de 1525 à 1540, que fut édifiée *la folie-Gobelin*. Ce n'était pas un atelier de teinture, mais un lieu de plaisance isolé, situé sur le flanc gauche de la vallée de la Bièvre, *au terrouër de Chasseguay*, précisément à l'extrémité orientale du cours actuel des Capucins. Des titres et déclarations du seizième siècle le désignent aussi sous le nom de *Moulin de la follye-Gobelin*. L'objet principal de cette *follye* était en effet un moulin à vent, dont on peut voir la disposition sur les plus anciens plans de Paris.

Jacques Gobelin, fils de Jehan Gobelin III et arrière-petit-fils de Jehan Gobelin Ier, exerça d'abord la profession de teinturier à Saint-Marcel, puis fut institué correcteur ordinaire en la chambre des comptes de Paris, sur la démission de Clerembault Le Clerc, le 7 février 1544, et devint le chef de la première branche noble des Gobelins, qui compte des trésoriers de France, un lieutenant

(1) Il donna, par testament, à l'église Saint-Marcel, « ... *du vouloir, autorité et consentement de Perrette sa femme...*, pour le salut de leurs âmes et de leurs parens et autres trépassés, estre chanté et célébré par chacun an, à toujours, en ladicte église Saint-Marcel..., un obit perpétuel, la somme de trente-deux sols parisis de rente... ».

général de l'artillerie, des conseillers et des présidents au parlement de Paris.

Balthazard Gobelin, fils aîné de Jacques Gobelin, fut successivement trésorier général de l'artillerie (1571), trésorier de l'extraordinaire des guerres, conseiller secrétaire du Roy (1585), trésorier de l'épargne (1589), conseiller d'Etat (1600), président de la chambre des comptes de Paris (1602). Il acquit de Henri IV, en 1601, *la terre et seigneurie de Braye-Contèrobert;* il avait été marié, en 1571, avec Anne de Raconis (1). Il fut constamment en faveur, sous Henri IV; « .... il avançait, dit-on, ses propres deniers pour faire subsister la maison, tables et gardes du Roy... » Le monastère des Feuillantines (rue Saint-Jacques) reconnaissait pour principale fondatrice, Anne Gobelin, femme de Charles d'Estourmel, chevalier, seigneur de Plainville, gouverneur de Corbie.

La famille Gobelin conserva néanmoins, pendant nombre de générations, l'industrie à laquelle elle devait sa fortune et sa célébrité. Sur la fin du seizième siècle, vers 1584, elle possédait une partie des maisons sises sur le côté septentrional de la rue *des Gobélins,* alors appelée *de Bièvre,* et à peu près la totalité de celles du côté méridional, ayant issue sur le cours de la Bièvre, où étaient établis des *queys à tainture.*

Il y avait, à cette époque, sur une partie de l'emplacement occupé depuis par la grande cour des Gobelins, une rue ou ruelle bordant les fossés de la ville et conduisant de la rue des Fossés-Saint-Marcel et de la *grande*

(1) « ... Le lundi 23 août 1603, mourut à Paris, madame Gobelin, femme du trésorier de l'épargne, malade dès longtemps...; elle n'avait encore cinquante ans et eut grand regret à la mort, comme ont ordinairement ceux et celles qui jouissent à leur aise des biens, honneurs et commoditez de cette vie, auxquels la mort ne peut estre qu'amère. » (L'Estoille, *Journal du règne de Henry IV.*)

rue Saint-Marcel (aujourd'hui Mouffetard) à *l'abreuvoir* de la Bièvre (1). L'*ouurouër* de Jehan Gobelin (son atelier de teinture) était limité, au sud, par *la rue de l'Abreuvoir*, et à l'ouest, par la rivière. L'atelier de teinture de la manufacture actuelle occupe le même emplacement et se rattache par ce fait matériel, comme par la nature de ses travaux, à l'antique industrie des Gobelins.

Les derniers teinturiers de ce nom, Etienne Gobelin et Henry Gobelin, frères, eurent une destinée très-différente : Etienne fut exproprié, en 1648, des ateliers de teinture qu'il tenait, par *bail à rente*, dans l'une des anciennes propriétés de sa famille ; Henry Gobelin eut, en 1667, par héritage, de son frère aîné, François Gobelin, ancien contrôleur général des rentes de l'hôtel de ville de Paris, conseiller maître d'hôtel du roi, la terre seigneuriale de Gillesvoisin, près Étampes, dont il prit le titre, ainsi que l'avaient déjà fait son oncle paternel, Nicolas Gobelin, teinturier à Saint-Marcel, acquéreur de cette terre en 1618, et son frère qui en avait hérité en 1628.

Les Gobelins disparurent, comme teinturiers, quelques années avant l'époque où Jean Gluck importa de Hollande un nouveau procédé de teinture en écarlate. On s'accorde assez généralement à fixer cette époque à l'année 1655 ; nous la croyons un peu plus rapprochée de la fin du dix-septième siècle ; les grandes acquisitions que Jean Gluck fit dans le faubourg Saint-Marcel, et,

(1) La suppression de l'abreuvoir de la Bièvre, devenu inutile par suite de l'infection des eaux de cette rivière, celle de la ruelle qui y conduisait, la démolition du mur d'enceinte de cette partie de *la ville de Saint-Marcel* et celle de la porte dite *des Champs*, qui fermait la *grande rue Saint-Marcel* (aujourd'hui Mouffetard), précisément à son intersection avec la rue *des Deux-Boules* (aujourd'hui des Fossés-Saint-Marcel), eurent lieu vers le commencement du dix-septième siècle.

entre autres, celle de la maison où Étienne Gobelin avait eu ses ateliers (1), ne remontent pas en effet au delà de l'année 1686. D'après quelques auteurs modernes (2), la famille Canaye, après avoir hérité de l'industrie des Gobelins, l'aurait transmise à Jean Gluck; rien n'est moins exact : dès l'année 1574, c'est-à-dire près de cent ans avant Gluck, il n'était plus question des Canaye comme teinturiers, point historique sur lequel ne laissent aucun doute une déclaration du chapitre Saint-Marcel de 1584 et le brevet accordé à Michel Charpentier, leur successeur, en 1574.

« Du lundy, 1er mars (1574).

« La Cour a ordonné l'enregistrement du breuet octroyé par le Roy à M. Michel Charpentier, bourgeois de Paris, le VIII feurier MDLXXIV, par lequel ledit seigneur, *en consideration du trafic de la teinture des draps qu'il faict au lieu des Canayes, qu'il a acquis au fauxbourg Saint-Marcel*, luy a permis de prendre jusques à douze cens liures de rentes et au dessoubs, de telles personnes que bon luy semblera. »

Le dernier teinturier du nom de Canaye, Jacques, fils puîné de Pierre Canaye, et arrière-petit-fils de Séverin Canaye, époux de Mathurine Gobelin, acheta le 24 avril 1585, au prix de 5,700 écus, de Louis de Bourbon,

(1) Cette maison, très-vaste, contiguë à *l'hostel des Gobelins*, avait été successivement possédée par Nicolas Gobelin, qui la tenait de ses ancêtres, par la famille de la Planche, et enfin par les Srs Louis Mascerani et André-Paul Mascerani, frères, banquiers, qui la vendirent à Jean Gluck, par acte passé devant Boucher, notaire, le 19 février 1686. Elle porte actuellement, sur la rue des Gobelins, le numéro 3.

(2) Jaillot, *Recherches crit., hist. et topog. sur la ville de Paris*; quart. de la pl. Maubert, p. 103; Saint-Victor, *Tableau hist. et descript. de Paris*, t. III, p. 211, 212, etc.

prince de Condé, la terre de Brannay, près Sens, et, le 28 juin de la même année, fit hommage au roi de cette terre, qui était *mouvante de la grosse tour de Sens*. Il en prit le titre et le transmit à ses descendants. Ce même Jacques Canaye était *gentilhomme ordinaire de la maison du prince de Condé et écuyer de la petite écurie.*

Dans la maison acquise par Jean Gluck, il y avait encore, en 1667, un teinturier du nom de Chenevix, qui faisait *la teinture des Gobelins;* contemporain d'Étienne Gobelin et peut-être son associé pendant quelques années, ce teinturier dut être le prédécesseur immédiat de Jean Gluck. Quoi qu'il en soit, la tradition du nom des Gobelins se partage, vers le milieu du dix-septième siècle, entre les tapissiers établis dans leur hôtel et les teinturiers-drapiers logés dans une maison contiguë; l'industrie de ces derniers se conserva dans les mêmes lieux par les familles Gluck, Julienne (1), de Montullé, jusques au commencement du dix-neuvième siècle.

On doit encore à Henri IV la création d'un atelier de tapis, dits à la façon de Perse ou de Turquie, point de départ du célèbre établissement de la Savonnerie. En 1601, sur la proposition de son *varlet de chambre*, Bar-

(1) François de Julienne, beau-frère de Jean Gluck et son associé, établit avec lui la manufacture de draps et de teinture; la première, dans un vaste local bordé, au nord, par la rue de la Reine-Blanche, avec issue sur la rue Mouffetard, où il porte aujourd'hui le nº 259, et la seconde, dans la maison des Gobelins. Jean de Julienne, neveu du précédent, travailla avec lui et avec Jean Gluck; il réunit, en 1721, ces deux établissements dans ses mains, et les conserva jusques à son décès, arrivé le 20 mars 1766. Il avait formé un magnifique cabinet de tableaux dans sa maison de la rue des Gobelins, et avait été nommé, en 1740, *conseiller honoraire amateur* de l'Académie de peinture. Des mains de Jean de Julienne, la manufacture passa dans celles de J. B. F. de Montullé, arrière-petit-fils de Jean Gluck, et fut vendue, vers 1800, par Charles de Montullé, petit-fils de ce dernier, au Sr Jean Salleron, maître tanneur.

thélémy de Laffemas (1), « .... le roi institua une commission consultative sur le faict du commerce général et de l'établissement des manufactures dans le royaume. ». Cette commission se livra à des enquêtes multipliées sur diverses industries dont elle fit comparaître devant elle les principaux chefs, et proposa des mesures importantes qui furent en partie réalisées : elle tint sa dernière séance le 22 octobre 1604. L'un des plus complets documents émanés de ses délibérations est le projet d'ordonnance soumis à Henri IV pour l'établissement d'une fabrique de tapis de Turquie, dont un nommé Jean Fortier aurait été directeur.

Ces propositions paraissent toutefois ne pas avoir eu d'effet; car, en 1604, ce n'est pas Jean Fortier, mais bien Pierre du Pont, autre tapissier en tapis, façon du Levant, qu'on voit établi dans les galeries du Louvre (2). Une déclaration annexée au projet d'ordonnance concernant Jean Fortier constate qu'il avait *inventé* l'art de faire les tapis façon de Turquie; elle est ainsi conçue : « Depuis, sur la requeste faite par ledit Fortier, messieurs ont ordonné qu'audit advis seroient adjoutez ses noms comme *premier et inventeur de l'art de faire les tapis façon de Turquie à fond d'or, soye et laine, en ce royaume,* et le premier qui s'est présenté pour establir l'art des tapis, ainsi qu'il est porté en l'article du 17 août 1607, folio 18 du troisième registre. » (Docum. inéd. pub. par M. Champollion-Figeac).

Cette qualité d'inventeur, P. du Pont ne l'avait prise

(1) Il reçut du roi, le 15 novembre 1602, « l'estat de contrôleur général du commerce du royaume, le roy désirant recognoistre les longs services faits par ledit Laffemas depuis quarante ans. » (Lettres patentes du 15 novembre 1602.)

(2) Le brevet de logement en la galerie du Louvre de Pierre du Pont ne lui a été délivré que quatre ans après son installation dans cette galerie, le 4 janvier 1608.

qu'avec une sorte de modestie et seulement, *pour les outils et la vraie méthode de faire travailler des enfants avec facilité aux tapis de Turquie et autres ouvrages qui se font avec l'esguille.* Ayant eu occasion de faire voir à madame de Châteauneuf « .... quelques échantillons de toutes sortes d'ouurages de Turquie faits, par luy, d'or, d'argent, de soye et laine, cette dame les présenta, comme chose non encore veue, à la Royne mère, qui les fit veoir au Roy, lequel, peu de jours après, allant veoir les peintures de sa gallerie et de sa salle des antiques que feu M. Bunel, son peintre, faisoit alors, vit un fond de chaire faict d'ouvrage de Turquie, que ledit du Pont y avait laissé, et, se ressouvenant de ce que feue madame de Châteauneuf en avoit rapporté à la Royne, commanda à feu M. de Fourcy, surintendant de ses bastiments et manufactures, de faire venir ledit du Pont en sa présence, ce qu'il fit le lendemain en la gallerie haute.

« Venu donc ledit du Pont, il présenta à Sa Majesté un quarreau faict de soye et or, avec une chaire faicte de laine dudit ouvrage de Turquie, que Sa Majesté eut très-agréable, et commanda sur l'heure audit sieur de Fourcy de faire bastir un des logis de dessous sa gallerie avec un attelier à costé pour ledit du Pont, pour estre comme une pépinière d'ouvriers de ladite manufacture; ce fut en l'an 1604. Auquel lieu il a toujours fait sa demeure depuis le temps, et y a instruit plusieurs apprentifs, suivant le commandement qu'il en avait receu de Sa Majesté, ainsi qu'il faict encore à présent.

« Or le feu Roy venant un jour veoir un emmeublement qui se faisoit alors pour son service, qui estoit d'or et de soye, et qui est aujourdhuy dans l'hostel du Luxembourg : promit, en la présence de beaucoup de seigneurs, d'establir ladite manufacture pour toute la France, ainsi qu'il avoit fait celle des tapisseries de Flandres, de l'or de Milan, des estoffes de drap d'or et de soye et d'aultres : afin (comme il disoit) d'empêcher le transport de l'or et de l'argent qui se faict hors du pays, par le traffic continuel desdites estoffes, et, par ainsi, enrichir la patrie et faire travailler une infinité de fainéans et de vagabonds.

« Mais la mort funeste de ce grand monarque ayant donné fin à ses braves et généreux desseins, arresta par mesme moyen ledit du Pont en ses entreprises : toutefois, sachant que les roys ne meurent point, il s'adressa au Roy à présent régnant (Louis XIII), en l'année 1626, venant veoir les ouvrages qui se faisoient pour Sa Majesté, et luy fit entendre quelle avait été la délibération du feu Roy pour l'establissement de ladicte manufacture, lui en proposant les moyens faciles, par la méthode d'enseigner audit art les enfants qui demeuroient dans les hôpitaux, et les filles pareillement en plusieurs autres ouvrages, ce que ledit du Pont promettoit et promet encore de faire.

« Auquel Sa Majesté commanda d'en adresser la requeste à son conseil affin d'y estre meurement pourveu. Ce qu'ayant délibéré faire ledit du Pont, et jugeant qu'il ne pourroit exécuter lui seul une charge si onéreuse, n'ayant encore aucun de ses enfans en aage compétent pour lui ayder : s'associa un, qui avait esté son apprentif, nommé Lourdet, avec lequel et conjointement il présenta ladicte requeste au conseil.

« Et pour parvenir à cet effect, lesdicts du Pont et Lourdet allèrent trouver M. de Fourcy, qui avoit la charge de feu son père, lequel les présenta à M. Aubery, conseiller d'Estat, avec ladicte requeste, pour en faire son rapport audit conseil : ce qu'il fit et a faict depuis avec tant de probité et d'équité.... qu'il en a obtenu les articles et arrests suivans par sa seule diligence, ainsi qu'ils se peuvent ici veoir, avec la suite d'une infinité de traverses qu'ils ont rencontrés en quelques endroits. » (*Stromatourgie*, ch. IV.)

L'arrêt du conseil royal dont parle Pierre du Pont est daté du 17 avril 1627 et porte que « le Roy, en son conseil, a accordé audit Pierre du Pont et Simon Lourdet la fabrique et manufacture de toutes sortes de tapis, aultres ameublements et ouvrages du Levant, en or, argent, soye, laine, pour dix-huit années, à commencer du premier jour de juillet 1627, aux clauses et conditions suivantes :

« Dans toutes les villes du royaume où les entrepreneurs s'établiront, ils seront tenus d'instruire, dans leur art, un certain nombre d'enfans pauvres, à eux confiés par les administrateurs des hôpitaux. Ces enfans, au nombre de cent, pour la ville de Paris, seront logés dans la maison de la Savonnerie, près Chaillot, entretenus des deniers donnés par le Roy pour les pauvres, et, au besoin, sur les revenus des hôpitaux. Leur apprentissage durera six ans; ils jouiront, à son expiration, du droit de maîtrise sans être astreints à faire chef-d'œuvre et à payer un droit, mais à la charge par eux de se présenter devant le procureur du Roy des lieux où ils auront fait leur apprentissage, pour prêter entre ses mains le serment dudit mestier, le tout sans frais. Inhibitions et défenses sont faites à toutes personnes, de quelque qualité qu'elles soient, de retirer aucun des apprentis pour les faire travailler en leurs maisons ou les admettre à leur service sans le consentement des entrepreneurs, et ce, à peine de cinq livres d'amende.

« Les entrepreneurs auront, dans la maison de la Savonnerie, leur logement et tous les locaux nécessaires à la manufacture; ils recevront de plus, chacun, une pension de quinze cents livres, par an, pour les indemniser des pertes de temps et de matières premières occasionnées par les apprentis non instruits en leur art.

« Permission aux entrepreneurs de faire venir et ouvrer toutes les *estoffes* nécessaires à leur fabrication, sans estre astreints à la visite de la part des maîtres jurés des mestiers où se fabriquent lesdites estoffes et sans être empêchés par eux.

« Pendant toute la durée du privilége qui leur est accordé, nul ne pourra, sans leur permission, dresser des mestiers de ladite manufacture, en quelque lieu du royaume que ce soit, à peine de confiscation des mestiers, ouvrages et ustensiles applicables auxdits entrepreneurs.

« En faveur duquel establissement et en considération de l'invention de ladite manufacture que ledit du Pont a introduit en ce royaume et de la grande assiduité et diligence que le sieur Lourdet a déjà apporté pour instruire nombre d'enfans audict art, Sa Majesté a déclaré lesdits du Pont et Lourdet, nobles, domestiques et commensaux de sa maison, ainsi que leurs enfants nés ou à naître en loyal mariage, qui entretiendront ledit art et manufacture. Ils jouiront, en cette qualité, de toutes exemptions, franchises, libertés, immunités, priviléges, de la mesme manière que jouissent les autres nobles, sans qu'on puisse, à eux ou à leur postérité, imputer le trafic qu'ils feront des marchandises procédans de leur manufacture, pour actes dérogeant à noblesse...

« Veult et ordonne Sadite Majesté que le sieur de Fourcy, surintendant des bastimens et manufactures de Sa Majesté, ayt l'œil et regard à l'establissement desdites manufactures, et qu'il y apporte le soin et la diligence requis pour la protection et manutention d'icelle, ainsi qu'il a fait, par le passé, et aux manufactures establies par Sadite Majesté en ce royaume.

« *Signé* de Marillac, d'Effiat, Aubry,
« de Mesmes, Fouquet, Vignier. »

La maison de la Savonnerie, sise à Chaillot, sur le bord de la Seine, était originairement, ainsi que l'indique son nom, une fabrique de savon, et l'un des établissements qui, après avoir été encouragés par Henri IV, ne purent exister lorsque cette haute protection vint à leur manquer. La reine Marie de Médicis y établit, en 1614, par brevet *du 7e jour de may,* « de pauvres enfans pour y être logés, nourris et instruits en la crainte de Dieu et à faire plusieurs ouvrages de toile et autres... » Simon Lourdet, associé de Pierre du Pont, y introduisit, à une époque que nous ne pouvons préciser, mais qui est antérieure à 1626 (1), son atelier de tapis *façon de Perse et du Levant.* Pierre du Pont n'y demeura jamais, ainsi qu'on en est assuré par divers actes (2).

La maison de la Savonnerie appartenait encore, en

(1) Un certificat du 1er décembre 1730, délivré à Simon Lourdet au sujet de l'élargissement de la Savonnerie, porte ce qui suit :

« Nous, Henry de Fourcy, seigneur de Chessy, conseiller du Roy, etc.

« Certifions, qu'en l'année *mille six cent vingt six,* du département de Sa Majesté, pour le voyage de Bretagne, nous avons reçu commandement de Sadicte Majesté, par M. le comte de Schombert, de faire deslivrer lieux suffisants et spacieux, pour l'élargissement de Simon Lourdet, tapissier, en tapis de Turquie, *y demeurant, outre ce qu'il possedoit, tant pour soi loger que pour mettre des mestiers, en plus grande quantité,* pour l'instruction de la pauvre jeunesse, ce qui n'ayant pu réussir sans diminuer le logement des pauvres retirés audit lieu, Sa Majesté désirant que ledit Lourdet fût accommodé de logement, elle auroit ordonné fonds, pour luy bastir une salle ouvrant sur les cours, avec un petit logement au-dessus, lequel dict bastiment a esté construit en cette année dernière 1630.... »

(2) Un brevet du dernier septembre 1637 décharge Pierre du Pont de l'obligation que lui avait imposée un arrêt de la chambre des comptes de faire sa résidence dans la maison de la Savonnerie. « ...... Veut et entend Sadite Majesté qu'il continue et fasse sa demeure actuelle en ladite gallerie (du Louvre), où il est logé, pour

1630, à un simple particulier, le sieur Martin Mannoir; elle lui fut payée cinquante mille livres sur estimation d'experts et ordonnance du 13 août 1631.

Sur la porte de la chapelle de cet établissement se lisait l'inscription suivante :

LA TRÈS-AUGUSTE MARIE DE MÉDICIS, MÈRE DU ROI LOUIS XIII,
POUR AVOIR, PAR SA CHARITABLE MUNIFICENCE,
DES COURONNES AU CIEL COMME EN LA TERRE, PAR SES MÉRITES,
A ESTABLI CE LIEU DE CHARITÉ, POUR Y ÊTRE RECEUS,
ALIMENTÉS, ENTRETENUS ET INSTRUICTZ
LES ENFANTS TIREZ DES HOSPITAUX DES PAUVRES ENFERMEZ,
LE TOUT A LA GLOIRE DE DIEU, L'AN DE GRACE 1615.

Les administrateurs des hôpitaux de Paris « ont toujours pris soin, depuis la fondation, d'envoyer nombre de pauvres enfans en ladite maison et les y nourrir et

luy rendre et continuer ses services, en sondit art, et instruire les apprentis en iceluy, ainsy qu'il a cy-devant fait, le dispensant, à cette fin, de faire sa résidence ailleurs. Et pour le récompenser des grandes pertes et travaux, par luy faits et soufferts, pour raison dudit établissement et manufacture, et luy donner moyen de vivre et le soulager en sa vieillesse, elle luy a aussy accordé qu'il jouisse de la pension de quinze cens livres, chacun an, qu'elle luy a cy-devant octroyée.... et que ladite pension soit continuée pour autres vingt années consécutives, à commencer dudit jour, 17 avril 1639.... et, en outre, que sa veuve et Louis du Pont son fils continuant, après son decedz, ladite manufacture, soient conservez et maintenus en leur logement et astelier, en icelle gallerie, et qu'ils jouissent des mêmes privilèges et exemptions, etc.... » (*Archives de l'art français*, t. I, p. 207.)

L'acte mortuaire de P. du Pont est du 22e juin 1640 :

« Fut inhumé, dans l'église de Saint-Thomas du Louvre, Monsieur du Pont, maistre tapissier en tapis de Turquie, de la paroisse de Saint-Germain, *demeurant dans les galleries du Louvre;* le convoy faict par Monsieur le curé de Saint-Germain, qui l'a conduict jusqu'à la porte, et a esté retiré par Monsieur le doyen dudict sieur Thomas, qui en a faict l'inhumation. (*Extr. des reg. de la paroisse de Saint-Thomas du Louvre.*)

entretenir du même fonds des autres hôpitaux, avec un prêtre pour la célébration du service divin, un maître d'école pour leur instruction et autres personnes nécessaires pour la garde et conduite de ladite maison... (1) » La fabrique de tapis prit insensiblement le dessus, et finit par remplacer les divers metiers auxquels on appliquait les enfants pauvres; ce ne fut pas, toutefois, sans contestations et difficultés : on voit, en 1643, le sieur Lourdet se plaindre de ce qu'on a logé dans la maison de la Savonnerie de petits enfants inutiles à la manufacture, à cause de leur âge.

« On y a establi, dit-il, des écoles, des tisserands et aultres mestiers différens de la manufacture, qui occupent une bonne partie des lieux qui lui seroient nécessaires, sans lesquels il ne peut dressêr tous ses mestiers, faire teindre les laines, préparer les autres choses nécessaires audict art et perfectionner les enfants qu'il instruit. De plus on a débauché, avant la fin de leur apprentissage, quantité de ses apprentis et des mieux instruits. Ceux qui ont cherché à ruiner son dessein les ont envoyés travailler en Angleterre, ou retirés dans leurs maisons, et d'autres s'en sont *fuitz*, sans que ledit Lourdet en ait pu tirer raison; il supplie donc très-humblement Sa Majesté de remédier, par son autorité, aux contraventions et inconvénients susdits, et de lui accorder pour dix-huit aultres années la continuation de son privilége, afin qu'il puisse commodément establir pour tout le royaume ladicte manufacture et mettre ses ouvrages en la recommandation qu'ils méritent; — ce qui fut accordé par lettres patentes datées de Saint-Germain en Laye, le vingt-cinquième jour de mars 1643. »

(1) Extrait du *Brevet de confirmation du don de l'hôpital et maison de la Savonnerie, en faveur des gouverneurs et administrateurs des hôpitaux de Paris*. Dernier mai 1651.

Des travaux exécutés, à cette époque, et pendant le séjour de Pierre du Pont au Louvre, il reste à peine quelque trace ; nous croyons cependant pouvoir assigner cette origine à l'une des pièces, encore existantes au garde-meuble, du tapis de la grande galerie du Louvre qui en comprenait quatre-vingt-douze, ayant uniformément 7 aunes 1/2 de longueur sur 4 à 5 aunes de largeur. Ce tapis, commencé sous Henri IV, ne fut achevé que vers le milieu du règne de Louis XIV. La pièce dont nous parlons porte le chiffre de Henri IV et tous les caractères de l'ornementation des premières années du dix-septième siècle. Elle a paru assez remarquable pour être reproduite dans les conditions actuelles de l'art des tapis. Quelques articles extraits de l'inventaire des meubles de la couronne, en 1690, donneront une idée de la disposition générale du tapis de la galerie du Louvre :

Première pièce : « Un grand tapis à fond brun sur lequel il y a un grand compartiment fond blanc, orné des armes de France et de Navarre, dans le milieu un rond bleu avec un soleil, long de sept aunes et demie sur sept aunes de large. »

La deuxième pièce : « Un grand tapis fond brun représentant un griffon sur un écu rempli de trophées d'armes, rainceaux, cornes d'abondance et festons de fleurs, avec deux paysages aux deux bouts, long de sept aunes et demie sur cinq aunes un tiers de large. »

La troisième pièce : « Un tapis fond brun sur lequel il y a un compartiment octogone, manière d'étoile, fond blanc, au milieu un soleil environné de quatre écus de France et quatre de Navarre, long de sept aunes et demie sur quatre aunes un quart de large. »

. . . .

La dixième pièce : « Un tapis fond brun, sur lequel il y a un grand compartiment fond blanc, ayant un trophée d'armes à chacun des quatre coins, et aux cotez, des testes d'Hercules et des mufles de lions, au milieu, un octogone couleur de rose seiche remply d'un entrelas d'LL couronnées, et deux paysages, aux deux bouts, dans des ovales, long de sept aunes et demie et large de cinq aunes trois seizièmes. »

Sur d'autres pièces sont représentées, la Musique, l'Astrologie, Mars, Minerve et l'Abondance.....

La manufacture de tapisseries, façon de Flandres, abandonnée à elle-même, après la mort de Henri IV, paraît avoir subi momentanément le sort de la plupart des établissements fondés par ce monarque. Dès l'année 1612, il ne restait debout que les manufactures de soieries de Lyon, de Tours et du midi de la France. Cette chute si rapide s'explique naturellement, et par le défaut d'intérêt des personnes préposées à la conservation de ces établissements, et par les embarras financiers des premières années de la régence de Marie de Médicis. On le comprend d'autant mieux que, même sous Henri IV, et malgré sa ferme volonté d'assurer l'avenir de ces diverses fondations, leur principe avait été constamment discuté et leur développement entravé par des difficultés sans cesse renaissantes.

« ...... Il en a cousté, dit un écrivain de l'époque, de grands deniers à Sa Majesté, perte et ruyne à ses subjets; tesmoins *les tapisseries de Bruxelles à Sainct-Marcel,* les toilles façon de Hollande à Mantes, les draps de soye et or de Milan, au Parc Royal, le plan et semence des meuriers blancs, la nourriture des vers à soye, fillage et terrage d'icelle, savon au pied de Chaliot, cuivre, assier et autres, dont auroient esté faict party par Sa Majesté, en partie commencez à exécuter, et dont aujourd'huy il ne paroit marque ne vestige (1)..... »

(1) Mémoire concernant les pauvres qu'on appelle enfermez, 1612. (Arch. cur. de l'hist. de France, 1re série, t. XV.)

«..... Cette fabrique, dit un autre écrivain, à propos de la fabrique de soieries de Henri IV, eust pu réussir à son contentement, au bien et à l'honneur de son peuple, si ceux-là sur qui Sa Majesté se reposoit de la conduite de ceste affaire, l'eussent secondé avec un jugement égal à son affection (1)..... »

Sully lui-même avait été fort opposé à l'établissement des manufactures de soie et d'étoffes précieuses (2); ses vues économiques se portaient beaucoup plus sur l'ordre

(1) *Traicté de l'œconomie politique*, par Antoine de Montchrétien, liv. I, ch. I.

(2) Il y eut à ce sujet, entre Henri IV et son ministre, à l'Arsenal, en 1603, une longue et curieuse conversation, rapportée en entier dans les *Économies royales* (t. V, série 2. Collection Petitot).

«..... Je ne sais pas quelle fantaisie vous a prise de vouloir, comme on me l'a dit, vous opposer à ce que je veux établir pour mon contentement particulier, l'embellissement et enrichissement de mon royaume, et pour oster l'oysiveté de parmy mes peuples. — Sire! je serois, quant à ce qui regarde votre contentement, très marry de m'y opposer formellement, quelques frais qu'il y fallût faire.... mais de dire qu'en cecy, à vostre plaisir soit joint la commodité, l'embellissement et enrichissement de vostre royaume et de vos peuples; c'est ce que je ne puis comprendre. Que s'il plaisoit à Votre Majesté d'escouter en patience mes raisons, je m'asseure, cognoissant, comme je le fais, la vivacité de vostre esprit et la solidité de vostre jugement, qu'elle seroit de mon opinion. — Ouy, dea! je le veux bien, dit le Roy, je suis content d'ouyr vos raisons; mais aussi veux-je que vous entendiez après les miennes, car je m'asseure qu'elles vaudront mieux que les vôtres. — Si j'eusses estimé, Sire, que vous eussiez tant déféré aux opinion des *Bourgs* et des *Cumans* (du Bourg, de Comans), dites-vous, je me fusse bien empêché de vous parler des miennes qui n'auront jamais autre fondement que vos volontez; mais, pour mes raisons, puisqu'il plaist à Vostre Majesté de les entendre, je les entremeslerai de propos que, si vous les meprisez à présent, peut-estre, à l'avenir, aurez-vous regret de n'y avoir eu plus d'esgard..... »

Sully fait remarquer au roi qu'il faut laisser à chaque pays ses productions; que la soie appartient aux pays méridionaux, que la France est, avant tout, un peuple d'agriculteurs, « ce qui convient beaucoup mieux, dit-il, que toutes les soyes et manufactures d'icelles

à introduire dans les finances que sur les encouragements à donner aux arts et à l'industrie.

Dans de telles dispositions, Sully ne devait pas se presser de remplir les engagements contractés envers les directeurs des manufactures de tapisserie ; la lettre suivante en fournit la preuve :

Lettre de Henri IV à Sully. (1607.)

« Mon amy, vous avez assez de fois veu les poursuites que les tapissiers flamans ont faites pour estre satisfaits de ce qui leur avoit esté promis pour leur établissement en ce royaume : de quoy ayant, par une dernière fois, traité en la présence de vous et de M. le garde des sceaux, je me résolus enfin de leur faire bailler cent mille livres ; mais ils sont toujours sur leurs premières plaintes s'ils n'en sont payez. C'est pourquoy je vous fais ce mot pour vous dire que j'ay un extrême désir de les conserver, et pour ce que cela despend du tout du payement de ladite somme, vous les en ferez incontinent dresser, en sorte qu'ils n'ayent plus de sujet de retourner à moy ; car, autrement, je considère bien qu'ils ne pourroient pas subsister, et que, par leur ruine, je perdrois tout ce que j'ay fait jusques à maintenant pour les attirer icy et les y conserver. Faites-les donc payer puisque c'est ma volonté, et sur ce, Dieu vous ait, mon amy, en sa sainte et digne garde.

» Ce quinzième mars, à Chantilly.

« HENRY. »

qui viennent en Sicile, en Espagne, en Italie ; et tant s'en faut que l'établissement de ces rares et riches étoffes et denrées accommode vos peuples et enrichisse vostre État, mais qu'elles le jetteroient dans le luxe, la volupté et l'excessive dépense qui ont toujours esté les principales causes de la ruyne des royaumes et républiques, etc. »

Le concours que Henri IV ordonna, en 1610, pour le choix du peintre qui devait remplacer Henri Lerambert, est encore un témoignage de la sollicitude de ce souverain pour ses manufactures de tapisseries :

« Aujourd'huy deuxiesme jour de januier mil six cens dix, le Roy estant à Paris, mémoratif qu'après le décès de Henry Lerambert, son peintre ordinaire, particulièrement ordonné pour travailler aux patrons des tapisseries que Sa Majesté fait faire des œuvres de haute lisse et la marche, plusieurs peintres s'estant presentez à Sadicte Majesté pour estre nommez en la place dudict Lerambert, elle auroit commandé au sieur de Fourcy, intendant et ordonnateur de ses bastiments, de faire reconnoistre quel desdicts peintres seroit plus capable de lui faire seruice et pour leur donner à chacun un desseing, pour travailler en particulier, pour iceux desseins achevez, par chacun desdicts peintres, les faire juger par maistres experts ; à quoy satisfaisant Guillaume Dumée, Laurent Guyot, Gabriel Honnet et de Hery, peintres, auroient pour dessein, chacun au sujet de l'histoire du pasteur fidelle, qu'ils auroient faits, iceux mis en tableaux, et depuis presentez à quelques peintres et sculpteurs choisis et esleus pour en faire le jugement ; ceux faicts par lesdicts Dumée et Guyot auroient esté trouvez les meilleurs, et sur iceux considéré qu'ils estoient plus capables pour servir Sa Majesté au faict desdicts patrons, de quoy ayant esté faict rapport à Sadicte Majesté, pour bonnes considérations, a voulu et ordonné que lesdicts Dumée et Guyot soyent et demeurent ses peintres ordinaires, comme, à cet effect, elle les a retenu et retient, pour en jouir doresnavant, aux charges qui en suivent, a sçavoir que les six cens livres de gages que ledict feu Lerambert avoit, pour sadicte charge, et les trois cens livres aussy de gages dont jouit ledict Dumée, pour entretien de peintures du chasteau de Saint-Germain en Laye, faisant en tout neuf cens livres, seront mis en commun, et auront chacun desdicts Dumée et Guyot quatre cens cinquante livres de gages par chacun an.... »

Il faut croire que ces peintres se piquèrent d'émulation, car la tenture du Pasteur fidèle fut, par eux, portée à *vingt-six pièces* n'ayant pas moins de cent sept aunes de cours sur quatre aunes de haut.

Il y avait aussi, d'après les dessins de Guyot :

« Une tenture représentant *le Vol du héron*, autrement les chasses de François Ier, avec les armes de France et de Navarre et cette devise : *Erit hæc quoque cognita monstris* (1); cette tenture était en huit pièces de vingt-six aunes de cours sur trois aunes un quart de haut.

» Les Nopces de Gombault et Macée, de vingt-trois aunes de cours, en sept pièces, sur trois aunes un six de haut. »

L'association qui subsistait encore, en 1626, entre Marc de Comans et François de la Planche, doit faire présumer que l'interruption de leurs travaux de tapisseries, quelque temps après la mort de Henri IV, ne fut pas très-longue ; ils sollicitèrent de Louis XIII la confirmation de leurs priviléges, et obtinrent, le 8 avril 1625, de nouvelles lettres patentes pour « .... la continuation de la fabrique et manufacture des tapisseries façon de Flandres, pour dix-huit années, à commancer du jour de l'expiration du temps accordé par le feu Roy. »

(1) Cette devise est celle de Louis XIII; elle accompagne une massue « faisant allusion et rapport, dit un écrivain contemporain, à celle d'Hercule, de laquelle ce héros dompta une infinité de monstres, comme ce brave prince a surmonté les monstres de la rébellion et de l'hérésie qui avaient osé attenter la ruine de cette première monarchie très-chrétienne.... » (*Trésor des merveilles de Fontainebleau*, liv. II, ch. xxv, p. 190.)

Dans le texte de ces lettres, nous remarquons les dispositions suivantes :

« .... Seront logez, en cette ville et faubourgs de cette ville de Paris, eux et toutes leurs familles et ouvriers, *en tèl lieu et endroit qu'ilz adviseront plus commodes*, et pour leur donner moyen de *payer leurs louages*, Sa Majesté leur accorde la somme de *sept mil cinq cens liures....* à la charge d'entretenir par eux les quatre vingt mestiers portez par ledict edict, fournir d'ouvriers nécessaires, lesquelz ilz seront tenuz de loger moiennant la susdite somme, sans qu'ilz puissent prétendre davantage.

» Sa Majesté accorde auxdictz de Comans et de la Planche, durant ledict temps de dix-huit années, la continuation de la pension de quinze cens liures chacun par an dont ils ont cy devant jouy....

» Sera fait fondz, par chacun an, de la somme de trente mil liures pour employer en tapisseries prouenantes de ladicte manufacture, lesquelles seront mises dans les meubles de Sadicte Majesté, ainsy qu'il est accoustumé, pour estre icelles employez aux présens des ambassadeurs ou autres, selon qu'il en sera par Sa Majesté ordonné. »

La démission de Marc de Comans et celle de François de la Planche (1629) firent passer aux mains de leurs enfants, Charles de Comans et Raphaël de la Planche, la direction de la manufacture de tapisserie, ainsi qu'il résulte du « procès-verbal, des 20 juin et 2 juillet 1630, du Sr de Fourcy, surintendant des bastiments et manufactures, sur la réception et installation par luy faicte en la maison des Gobelins, suivant lesdites lettres (de provision) des personnes des Srs de la Planche et de Comans, pour exercer conjointement la direction desdites manufactures (1) ; » mais les nouveaux directeurs ne purent

(1) Extrait du préambule de l'arrest du conseil, du 30 juin 1633. (Arch. de l'empire, E. 113.)

vivre en paix. Sur la requête qu'ils présentèrent au roi, un arrêt du conseil du 30 juillet 1633 leur permit « d'exercer, à l'advenir, séparément et en divers lieux, boutiques et magasins, chascun à son proffit particulier, et sans qu'ilz soyent responsables l'un de l'autre, les manufactures desdites tapisseries, pour le temps qui reste à expirer des dix-huit années du traité faict avec leurs pères..... »

Charles de Comans (1) demeura aux Gobelins, et Raphaël de la Planche (2) s'établit au faubourg Saint-Germain, dans la rue qui a conservé son nom jusqu'à ces dernières années.

Ces deux établissements, également patronés et subventionnés par le roi, fonctionnèrent parallèlement jusques à la fondation de la manufacture des meubles de la couronne, en 1662. Nous en avons la preuve dans les

(1) Charles de Comans mourut au mois de décembre 1634, et fut remplacé par son frère Alexandre de Comans.

Les lettres patentes de continuation accordées, le dernier décembre 1644, à Alexandre de Comans, s'expriment ainsi au sujet de Marc de Comans et de ses fils Charles et Alexandre :

« .... Ledit Marc de Comans ayant *continuellement servy* et vieilly en ladite charge (de directeur des manufactures de tapisserie) et instruit en icelle Charles et Alexandre de Comans, ses enfans, il s'en démist, sous le bon plaisir de nostre dict feu seigneur et père, au proffict dudict Charles de Comans, à condition de survivance; lequel Charles en ayant esté pourveu en may M VI^c trente quatre, a jouy en ladicte condition jusqu'à son deceds arrivé en décembre en suivant; l'office retourné audict Marc de Comans, il en a derechef disposé, à la même condition, en faveur dudict Alexandre de Comans, son aultre fils, qui en a esté pourveu le dix-huit apvril en suivant et a tousiours, depuis, jouy comme il jouist encore de ladicte charge, au contentement public, à la satisfaction entière de nostre dict seigneur et père et à la nostre..... »

(2) Raphaël de la Planche, trésorier des bâtiments du roi, sous Louis XIII et Louis XIV, conserva néanmoins son emploi de directeur de la manufacture des tapisseries du faubourg Saint-Germain jusqu'à la fondation de la manufacture des meubles de la couronne.

lettres patentes de continuation accordées à Raphaël de la Planche, les 19 mars 1640 et 19 août 1648, à Alexandre de Comans, le dernier décembre 1643, et dans celles du dix mai 1651, par lesquelles Louis XIV donna à « Hippolyte de Comans escuier, sieur de Sourdes, la direction des manufactures de tapisseries de la ville de Paris et autres de son royaume... dont jouissoit Alexandre de Comans son frère..... »

Ce fut à cette dernière date, ou à peu près, que J. Jans, habile maître tapissier flamand, arriva d'Audenarde, avec bon nombre d'ouvriers, ses compatriotes, et s'installa dans l'hôtel des Gobelins, sous la direction d'Hippolyte de Comans; il obtint, le 20 septembre 1654, le brevet de maistre tapissier du Roy, brevet dont nous extrayons ce qui suit :

« ..... Pour le bon et louable rapport qui nous a été fait de la personne de nostre cher et bien-aimé Jean Jans, et... pour les bons services qu'il nous a cy devant rendus et rend journellement, en nos tapissèries et autres meubles de nostre couronne; pour ces causes et autres à ce nous mouvans, avons ce jourdhuy retenu et retenons, par ces présentes signées de nostre main, en l'estat et charge de l'un de nos tapissiers, pour doresnavant, nous y servir, ledit estat et charge exercer, jouir et user doresnavant, aux honneurs, autoritez, prérogatives... et esmolumens accoutumez, et qui y appartiennent, tant qu'il nous plaira..... »

Nous trouvons, à une date un peu antérieure (13 septembre 1648), un brevet de même nature en faveur de Pierre Lefebvre, maître tapissier, appelé d'Italie par Louis XIV : « Par le bon et louable rapport qui nous a esté fait de la personne de nostre cher et bien amé Pierre Lefebure et de ses... prudhommie, experience, et bonne diligence ès.... ouurages de tapisserie d'hautelisse et marche, iceluy, pour ces causes et autres considérations, comme estant natif de nos sujets, ayant appris ledit art d'haute-lisse et marche aux manufactures érigées.... par feu nostre tres cher et bien amé ayeul Henry le Grand, que Dieu absolue, l'avons mandé des pays et ville de nostre très cher cousin, le grand duc de Toscane, pour nostre service et.... l'avons ce jourdhuy retenu.... en l'estat et charge de l'un de nos tapissiers haute-lissiers et marches, pour tenir manufacture et doresnavant nous servir, en cet estat charge et exercice... » Pierre Lefeburc fut logé sous la grande galerie du Louvre, dans l'appartement vacant par le décès de Nicolas Lafage, célèbre brodeur. Un autre brevet (du 13 juillet 1655) qualifie Pierre et Jean Lefebure, père et fils, d'*excellens tapissiers haute-lissiers*, et leur concède « ... une grande bouticque et attelier, de longueur de unze thoises..... à construire dans la place vuide qui reste, depuis et joignant le magazin des bois de Sa Majesté, au jardin des Thuilleries, le long du quay, tirant vers le gros pavillon du bout de ladite gallerie du Louvre,..... pour qu'ils en jouissent *tout ainsy que jouissent les autres tapissiers haute lissiers de leurs acteliers et bouticques dans ladicte gallerie du Louvre.....* »

Parmi les tentures, autrefois très-nombreuses, propres à faire juger de l'état de l'art des tapisseries pendant la première moitié du dix-septième siècle, nous nous bornons à citer :

L'histoire d'Artémise, ou l'éducation d'un jeune roi sous les yeux de la reine sa mère, exécutée au Louvre par ordre de Marie de Médicis, sur les dessins d'*Antoine Caron*, en huit pièces, de quarante-deux aunes de cours sur quatre aunes de haut (1).

(1) Le recueil précité des dessins d'Houël (p. 20) a fourni les éléments de cette composition, sauf les modifications nécessaires pour approprier à Marie de Médicis partie de l'histoire de Mausole et d'Artémise; c'est ce qui explique comment, dans les inventaires de

Les amours de Renaud et Armide, d'après les dessins de *Vouët*, de vingt-deux aunes et demie de cours, en sept pièces, sur trois aunes un huitième de haut.

Paysage et verdure *à bestions*, d'après les dessins de *Fouquières*, en six pièces, de quatorze aunes et demie de cours sur deux aunes de haut.

Les sacrements, en dix pièces, de trente-cinq aunes et demie de cours sur trois aunes trois quarts de haut, d'après *Nicolas Poussin*.

Jeux d'enfants, d'après le dessin de *Corneille* (1), en six pièces, de dix-neuf aunes de cours sur deux aunes trois quarts de haut.

Quelques histoires tirées de l'Ancien et du Nouveau Testament, d'après le même peintre, en cinq pièces, de seize aunes un tiers de cours sur deux aunes et demie de haut.

L'histoire d'Artémise, encore existante au Garde-Meuble, les sept sacrements, d'après les cartons de *Nicolas Poussin*, dont il nous a été donné de voir un exemplaire entre les mains d'un simple particulier, ne brillent ni par la pureté du dessin, ni par la beauté du coloris; comme dans toutes les tapisseries des âges précédents, les carnations y ont un ton de brique. Les draperies de couleurs tranchées, le ciel et les eaux d'un bleu verdâtre, l'architecture, d'un ton brun uniforme, y ont perdu, par le fait du temps, la plus grande partie de

la couronne, des tentures d'Artémise sont attribuées à *Henry Lerambert* et d'autres à *Antoine Caron*. Nous devons, au surplus, à l'obligeance de M. Anatole de Montaiglon, communication de trois dessins de la collection du Louvre, de la main d'Antoine Caron, qui semblent faire suite à ceux du recueil d'Houël et qui décèlent à peu près le même faire, ce qui n'a rien de contradictoire avec ce que dit Houël dans son épître dédicatoire à Catherine de Médicis, *qu'il avait fait faire les dessins par les plus habiles peintres français et étrangers*.

(1) Le père de Michel Corneille.

leur éclat, sans gagner l'harmonie que ne comportait pas alors l'art du tapissier, borné à l'emploi d'un petit nombre de couleurs franches. Les défauts, les qualités même de ce genre de travail, s'atténuent par degrés dans les époques suivantes, puis disparaissent, pour faire place à un art en quelque sorte nouveau, sous l'influence des premiers peintres de l'école française, substituée définitivement par Louis XIV et Colbert, dans la direction des travaux de tapisserie, à celle des maîtres tapissiers, qui furent réduits au rôle secondaire d'entrepreneurs et de chefs d'atelier.

CHAPITRE TROISIÈME.

De l'établissement fait par Louis XIV aux Gobelins, en 1662, et des travaux des manufactures royales de tapisserie et de tapis, jusqu'à l'année 1790.

La manufacture des meubles de la couronne, l'une des premières créations du génie organisateur de Louis XIV, ne fut pas seulement ce qu'indique son titre, mais une véritable école artistique et industrielle; des peintres, des sculpteurs, des graveurs, des orfévres, des fondeurs, des lapidaires, des menuisiers et ébénistes, des teinturiers et autres ouvriers, en toutes sortes d'arts et de métiers, choisis dans le royaume et au dehors, furent attachés à cet établissement. Les ateliers de tapisserie du Louvre, des Tuileries, du faubourg Saint-Germain, réunis à celui qui existait déjà dans la maison des Gobelins, constituèrent néanmoins la partie la plus importante de cette fondation, la seule qui ait résisté aux efforts du temps et des révolutions. Louis XIV et son ministre Colbert n'épargnèrent rien pour attacher tous ces artistes à leur nouvelle position et pour les encourager à produire cette multitude de chefs-d'œuvre qui suffiraient, à eux seuls, pour illustrer un règne. Non-seulement les maisons royales furent meublées et décorées avec une magnificence digne de leur maître, mais les artistes et les ouvriers, auteurs des ouvrages qu'on y admirait, exercèrent une influence très-marquée sur l'industrie et le goût de la nation. Cette influence s'étendit même au dehors et fit bientôt placer au premier rang les produits des arts et des manufactures de France.

La fondation de Louis XIV est le point de départ d'un changement considérable dans la fabrication des tapisseries : jusqu'alors, livré à lui-même, comme ses confrères des autres métiers installés au Louvre, le tapissier avait imprimé à ses œuvres son cachet propre; sous l'influence immédiate d'artistes placés à un point de vue tout autre que celui de l'industrie, il cessa d'être lui-même et dut reproduire avec fidélité les peintures complètes, substituées aux anciens cartons de tapisserie. Les modèles que Ch. le Brun, premier peintre de Louis XIV et directeur des meubles de la couronne, composa lui-même ou en collaboration avec d'autres peintres, et qui, pour la plupart, furent traduits en tapisserie sous ses yeux, tels que les batailles d'Alexandre, l'histoire de Louis XIV, les éléments, les douze mois de l'année, etc., sont de véritables tableaux. Il avait préludé à ces travaux par ses *Chasses de Méléagre,* composées et exécutées pour la manufacture particulière de tapisseries que le surintendant Fouquet établit, quelques années avant sa disgrâce, à Mincy, près de son château de Vaux-le-Vicomte.

Ce que l'ancien mode industriel put perdre à ces changements, l'art le gagna, sans aucun doute; nous n'en voulons d'autre preuve que les succès croissants de la manufacture des Gobelins, alors que les fabriques rivales perdaient chaque jour de leur importance. « Les tapisseries de ce magnifique établissement, dit un écrivain belge, excitèrent l'admiration de toute l'Europe; organisée sur un grand pied, cette fabrique, placée d'ailleurs sous le patronage de la cour de France, éclipsa bientôt la gloire des ateliers de haute lisse de la Flandre.... (1) » Cette supériorité, devant laquelle toute

(1) Bulletin de l'acad. d'arch. de Belg., t. III, p. 126. (Article de M. Jules de Saint-Genois.)

rivalité s'évanouit, la manufacture des Gobelins ne l'a conquise toutefois que par une suite non interrompue de perfectionnements. C'était du même coup conquérir l'existence; on ne peut nier, en effet, que la conservation, à travers tant de vicissitudes, d'un établissement uniquement consacré à la production d'objets d'un luxe excessif, n'ait pour cause *immédiate* la perfection de ses produits, comme elle a pour cause *éloignée* la première et puissante impulsion du fondateur.

L'édit de Louis XIV pour l'établissement de la manufacture des meubles de la couronne ne parut qu'en novembre 1667; il reproduit en partie celui de Henri IV (nov. 1607). On y lit que « les manufactures et deppendances d'icelles seront administrées par les ordres du Sr Colbert, surintendant des bastimens, et sous la conduite particulière du S[r] le Brun, premier peintre du Roy, suivant les lettres qui lui ont été accordées le 2e mars 1663; que le surintendant des bastimens et le directeur, soubs luy, tiendront la manufacture remplie de bons peintres, maistres tapissiers de haute lisse, orphèvres, fondeurs, graveurs, lapidaires, etc., que les ouvriers employés dans lesdites manufactures seront exempts de tous logements de gens de guerre; que des apprentis, au nombre de soixante, choisis par le surintendant, seront entretenus et placés dans *le seminaire* du directeur; qu'il sera loisible au directeur des manufactures de faire dresser des brasseries de bierre pour l'usage des ouvriers, sans qu'il en puisse être empêché par les brasseurs de bierre, ny tenu de payer aucuns droits; que très-expresses inhibitions et deffenses sont faites à tous marchands et autres personnes d'achepter ny faire venir des tapisseries des pays estrangers... »

L'*hostel* des Gobelins appartenait alors au Sr Leleu, conseiller au parlement. Colbert l'acquit, au nom du roi, le 6 juin 1662.

Cet hôtel comprenait, outre les cours et bâtiments, une grande étendue de jardins, prés, bois et *aulnayes* sur les bords de la rivière de Bièvre (1). Il fut payé la somme de 40,775 #, ci. . . . . 40,775 # 0 s.

Huit autres immeubles y furent réunis, de 1662 à 1668 : un emplacement appartenant au sieur le Brun, premier peintre du roi, du prix de 5,317 # 10 s; une maison, *scize près la Fausse, porte Saint-Marcel,* appartenant à Hippolyte de Comans et consorts, du prix de 10,000 #... etc., le tout montant à. . . . . 49,467 # 10 s

Total. . . . . 90,242 # 10 s.

Jans, installé, d'ancienne date, dans l'une de ces maisons, commença, sur la fin de cette même année (1662), à fabriquer pour le roi;

Henry Laurent, Pierre et Jean Lefebvre, tapissiers haute-lissiers; Jean de la Croix et Mozin, tapissiers basse-lissiers flamands, Verrier, tapissier basse-lissier et rentrayeur, Van der Kerchove, teinturier, « ayant le soin de marquer les ouvrages de tapisserie qui se font aux Gobelins, » lui furent successivement adjoints; Baudouin Yvart, peintre, fut chargé de la garde des dessins et modèles (2); Jacques Rochon, concierge, des magasins et de la comptabilité; Van der Meulen, peintre de batailles, Baptiste Monnoyer, peintre de fleurs, et Nicasius Ber-

(1) Ces jardins, divisés en plus de cent parcelles, appartiennent encore aujourd'hui à la manufacture des Gobelins, et sont répartis entre les chefs de famille attachés à cet établissement.

La surface totale des bâtiments, cours et jardins est de 46,610 mètres carrés.

(2) Il achetait les toiles, pinceaux, couleurs, etc., et les fournissait aux peintres, à le Brun lui-même. Il travaillait aussi aux modèles de tapisserie.

naert, peintre *pour les animaux,* de l'exécution d'une partie des modèles.

Parmi les artistes de tout genre placés sous la direction de le Brun, pour les seules manufactures royales, de 1663 à 1690, nous lisons encore les noms de 49 peintres ; quant aux travaux de tapisserie, on compte, dans cette même période, 19 tentures complètes, fabriquées en haute lisse, d'une surface totale de 4,110 aunes carrées, et 34 tentures de tapisserie de basse lisse, d'une surface totale de 4,294 aunes carrées.

Les premières furent payées aux maîtres tapissiers entrepreneurs. 1,106,275ᵗᵗ

Les secondes. 623,601ᵗᵗ

Voici, d'après un document contemporain, quelques détails sur ces tapisseries :

« Tenture de haute lisse ;

« *Les actes des apostres, en dix pièces,* rehaussées d'or, de 46 aunes 1/2 de cours sur 3 aunes 2/3 de haut, faisant en carré 170 aunes 1/2.

« Cette tenture a coûté, à raison de 200ᵗᵗ l'aune, 34,100ᵗᵗ.

« L'on croit que c'est le frère Luc, de l'ordre de Saint-François, qui les a peints d'après les tapisseries de la couronne.

« *Trois tentures des éléments en or, en huit pièces chacune,* dont quatre entrefenestres « qui sont de petits su-« jets rapportant aux éléments, en petites figures. »

« La première tenture fut donnée à M. le prince de Toscane quand il vint en France ; elle avait 32 aunes 10/16 de cours, sur 4 aunes 2/16 de haut, faisant en carré 134 aunes 9 bâtons 1/4 (1). Cette tenture a coûté

(1) On désignait ainsi la seizième partie de l'aune carrée ; seize bâtons de l'aune de France correspondaient approximativement à 48 bâtons de Flandres.

Le compte entre le roi et les entrepreneurs se faisait au bâton

30,202#, elle a été faite par MM. Lefebure, Laurent, Jans le père et Jans le fils.

« Le sieur Yuart le père a peint les tableaux des *quatre Éléments* des quatre entrefenêtres ; M. Dubois a peint le *Feu* et M. Genouëls les trois autres ; le tout sur les desseins et par les ordres de M. le Brun.

« Une tenture des Saisons rehaussée d'or, en huit pièces, à cause de quatre entrefenestres qui sont quatre sujets se rapportant aux saisons, représentés par des enfants grands comme nature; cette tenture a 32 aunes 8/16 1/2 de cours sur 4 aunes 2/16 de haut, faisant en carré 134 aunes 3 bâtons 1/16.

« Cette tenture a coûté 31,117#.

« *Une tenture de l'histoire du roy, en or, en quatorze pièces,* d'après le Brun et Van der Meulen.

« L'entrevue des roys, l'audience du légat, la prise de Dunkerque, la prise de Lille, le mariage du roy, la prise de Dôle, la prise de Marsal, le sacre du roy, la prise de Douay, l'alliance des Suisses, la prise de Tournay, la défaite de Marsin, l'entrée du roy aux Gobelins.

« Ce que M. Laurent et M. Lefebvre ont fait de cette tenture a été paié à 400# l'aune carrée ; le reste a été paié à M. Jans à 450# l'aune carrée (leur travail ayant toujours esté distingué des autres). Cette tenture a coûté au roy la somme de 166,700#.

« *Quatre tentures de l'histoire d'Alexandre, en or,* sur les desseins de M. le Brun (et les modèles) peints par

de France, et celui des maîtres avec les ouvriers se faisait au bâton de Flandres.

Enfin le bâton de France se divisait en seize parties.

Le prix du bâton de chaque nature d'ouvrage était fixé par un tarif particulier, pour la haute et pour la basse lisse. Le tarif de la haute lisse était beaucoup plus élevé; c'était, en général, le double; on peut facilement se rendre compte de la différence par celle des prix totaux payés aux maîtres tapissiers, de 1683 à 1691.

MM. Houasse, Yuart le fils, Revel, Lichery, Tetelin (Testelin), en onze pièces chacune :

« La bataille de Porus ; l'aile droite et l'aile gauche de ladite bataille ;

« La bataille d'Arbelles, l'aile droite et l'aile gauche de ladite bataille ;

« La bataille au passage du Granique ; l'aile droite et l'aile gauche de ladite bataille ;

« Les princesses de Perse (la famille de Darius aux pieds d'Alexandre) ;

« Le triomphe (l'entrée triomphale d'Alexandre à Babylone).

« MM. Laurent, Jans le père, Jans le fils, ont exécuté ces quatre tentures ;

« La première a coûté. . . . . 58,230#
« La seconde. . . . . 66,060#
« La troisième. . . . . 57,747#
« La quatrième. . . . . 59,404#

« *Deux tentures des mois, en or,* sur les desseins de M. le Brun, en douze pièces et huit entrefenestres chacune.

« La première tenture a 83 aunes 6/16 de cours sur 3 aunes 1/2 de haut, faisant en carré 299 aunes 3 bâtons.

« La seconde tenture a 85 aunes 3/4 de cours, sur la même hauteur de 3 aunes 1/2, faisant en carré 300 aunes 1/2.

« Sujets des tableaux :

« *Janvier;* la représentation de l'opéra dans le Louvre, à Paris ;

« *Février;* un ballet dansé par le roy, dans le Palais Royal, à Paris ;

« *Mars;* la vue du chasteau de Madrid ; le roy à la chasse ;

« *Avril;* la vue de l'ancien Versailles ; une promenade du roy ;

« *May;* la vue de Saint-Germain; le roy à la promenade avec les dames;

« *Juin;* la vue de Fontainebleau; le roi à la chasse;

« *Juillet;* la vue de Vincennes; une chasse du roy;

« *Aoust;* la vue du château de Marimont, en Hainault; une chasse du roy;

« *Septembre;* la vue du chasteau de Chambord; une marche du roy;

« *Octobre;* la vue des Tuileries; une promenade du roy;

« *Novembre;* la vue du chasteau de Blois; une marche du roy;

« *Décembre;* la vue du chasteau de Monceaux; le roy à la chasse.

« Plusieurs peintres ont travaillé aux tableaux et plusieurs sur un seul :

« M. Yvart, le père, a fait la pluspart des grandes figures, les tapis de pied et les rideaux;

« M. Baptiste a fait les fleurs et les fruits;

« M. Boulle a fait les animaux et les oyseaux;

« M. Anguier a fait l'architecture;

« M. Van der Meulen a fait les petites figures et une partie du paysage;

« MM. Genouëls et Baudouin ont fait le reste du paysage (1).

« La première tenture a cousté au roy la somme de. . . . . 78,590#

« La seconde tenture a cousté. . . . . . 79,981#

(1) Une partie de ces tableaux est conservée au musée de Versailles, sans nom d'auteur; une autre partie a été mise en bandes et détruite, dans le travail des ateliers de basse lisse, aux Gobelins. Quant aux tentures, spécimen des plus intéressants de la fabrication de cette époque, par la variété des costumes, la beauté des fonds de paysage et d'architecture, et par la richesse des détails, reproduits sur une très-petite échelle, une partie, en fort mauvais état, existe encore au garde-meuble. A.-L. L.

« *Deux tentures de l'histoire de Moyse, en or* (d'après Nicolas Poussin et le Brun).

« La première est en dix pièces, qui ont 45 aunes 14/16 de cours sur 3 aunes 1/2 de haut, ce qui fait en carré la quantité de 141 aunes 7 bâtons 2/16 2/3; et la seconde est composée de onze pièces (à cause du sujet de Moyse exposé sur les eaux que l'on a mis en deux pièces). Cette tenture a 46 aunes 3/16 de cours sur 2 aunes 14/16 de haut; ce qui fait en carré 132 aunes 12 bâtons 10/16.

« La première a coûté au roy. . . . . . . 35,424#

« La seconde. . . . . 32,924#

« MM. Stella, Paillet, l'académicien, Yvart le fils, Bonnemer, Testelin, de Seue le cadet, ont peint les dix modèles (1). » . . . .

. . . .

. . . .

« Tapisseries de basse-lisse.

« *Une tenture de Méléagre*, en huit pièces, avec or, de 29 aunes 14/16 1/2 de cours, sur 2 aunes 2/3 de haut, faisant en carré 79 aunes 3/4.

« La chasse au sanglier;

« La hure présentée à Atalante par Méléagre;

« Le couronnement d'Atalante;

« La mère de Méléagre jetant le tison fatal au feu;

« La mort de Méléagre;

« L'entrevue de Méléagre avec les deux frères Castor et Pollux; et deux entrefenestres dont les sujets ont été pris des sujets cy dessus.

« Cette tenture a coûté au roy, à raison de 180# l'aune, 14,355#.

(1) D'après Nicolas Poussin et le Brun. Le Serpent d'airain et le Buisson ardent sont de le Brun. Les huit autres tableaux sont de Nicolas Poussin.

« *Trois tentures de l'histoire de Constantin.*

« La première, de 128 aunes 5 bâtons 3/4 en carré, a coûté 16,629#.

« Cette tenture a été donnée au chancelier de Moscovie lorsqu'il vint ambassadeur en France.

« La seconde tenture, de huit pièces, a été faite pour remplacer la première tenture; elle a en carré 119 aunes 3 bâtons 1/2, et a été faite par le sieur Mozin; elle a coûté, à 180# l'aune, 21,459#.

« Noms desdites huit pièces :

« La bataille de Constantin (contre Maxence); l'aile droite (de ladite bataille) et l'aile gauche (d'après Raphaël).

« La vision de Constantin (d'après Raphaël).

« Le baptême de Constantin. (id.)

« Le mariage de Constantin (d'après M. le Brun).

« Le triomphe de Constantin (d'après Raphaël).

« La suite du triomphe (1) (id.).

« La troisième tenture est de cinq pièces et avait été faite à Mincy, pour M. Fouquet, d'où elle fut apportée aux Gobelins, lors de sa disgrâce; elle a 26 aunes 14/16 de cours sur 3 aunes 7/16 de haut, faisant en carré 92 aunes 6 bâtons 2/16.

« L'on n'a fait aux Gobelins que cinq bordures qui ont été rentraittes à ladite tenture, contenant 10 aunes 1/2 en carré, valant 1,274# ci. . . . . 1,274#

« Et quatre armes du Roi, huit couronnes et quatre soleils qui ont été appliqués à ladite tenture, valant. . . . . 248#

« Total de ce qui a été fait aux Gobelins (pour cette tenture) (2). . . . . 1,522#

(1) Ces tableaux ont été peints à Mincy. (*Note de l'auteur du mémoire.*)

(2) Ces détails sont extraits d'un mémoire de M. Mesmyn, premier

. . . .

. . . . »

Il y avait alors aux Gobelins environ deux cent cinquante ouvriers tapissiers ; Jans, père et fils, en dirigeaient, à eux seuls, plus de soixante.

Une égale activité existait dans les travaux d'orfévrerie, de mosaïque, de sculpture sur bois et sur métaux, d'ébénisterie et de broderie.

Horace et Ferdinand de Megliorini, Branchy et Gachetti, lapidaires florentins; Domenico Cucci, ébéniste et sculpteur, appelé de Rome ; Caffieri, autre sculpteur romain, exécutaient ces meubles d'une richesse singulière, dont les articles suivants, extraits de documents contemporains, peuvent donner une idée :

« Un très-grand cabinet d'ébène, orné, dans le milieu, d'un portique enrichi de deux tableaux de pierres de relief, manière de Florence, entre deux thermes de cuivre doré, dont les chapiteaux sont d'ordre corinthe, aux costés dudit portique de quatre pilastres de marbre, dont les bases et chapiteaux sont pareillement de cuivre doré d'ordre corinthe, au-dessus d'une attique, au milieu de laquelle sont les chiffres du Roy de cuivre doré, dans une bordure ronde, aussi de cuivre doré, ciselée de feuilles de laurier, sur la corniche, de trophées d'armes et de six vases de cuivre doré, et, sur toute la face, de douze autres tableaux de pierres de rapport, aussy manière de Florence, faits aux Gobelins, représentant des paysages, fleurs, oiseaux et animaux, enfermez dans des moulures et ornemens de cuivre doré, porté sur un pied de bois doré, sculpté de pieds de bœuf et de festons ; ledit cabinet haut, avec son pied, de sept pieds cinq pouces,

secrétaire des bâtiments, et des pièces originales qui ont servi à la rédaction de ce mémoire. (Arch. de l'empire; section administrative et domaniale.)

large de cinq pieds quatre pouces, avec un pied et demy de profondeur.

« Une table de pierre de Parangon, faite aux Gobelins, au milieu de laquelle sont les chiffres du Roy, couronnez, environnez d'une guirlande de fleurs, à l'entour, une frise de fleurs, fruits et oyseaux, et aux quatre coins, quatre bouquets de fleurs, chacun dans un cartouche, le tout de jaspe, lapis, agatte, cornaline, et autres pierres fines de Florence, enchassées dans un bord de cuivre doré, cizelé de feuilles d'accantes, portée sur un pied de quatre pyramides renversées, enrichies de diverses pierres et d'ornemens de cuivre doré, longue de trois pieds et demy, large de deux pieds dix pouces, haute de deux pieds et demy.

« Un grand cabinet, appellé *le cabinet d'Apollon*, au-dessus duquel est représenté le Roy, sous la figure d'Apollon, qui conduit quatre chevaux, et plus bas, dix-sept figures de relief, le tout de bronze doré, orné par devant de deux grandes colonnes d'auanturine, avec leurs bases et chapiteaux de bronze doré d'ordre corinthe et de diverses autres pierres, et, dans l'arcade du milieu, du trépied d'Apollon, aussy de bronze doré, porté sur un pied de thermes d'hommes et de pilastres, haut de douze pieds, sur huit pieds de large et deux pieds et demy de profondeur.

« Un autre grand cabinet appelé le cabinet de Diane, de même grandeur et dessein que le précédent, au-dessus duquel la Reyne est représentée, sous la figure de Diane qui conduit quatre cerfs ; les deux colonnes dudit cabinet sont de jaspe (1). »

Philbert Balland et Simon Fayette brodaient, à la même époque, des meubles de diverses sortes, portières,

(1) Arch. de l'empire, KK. 363. Inventaire des meubles de la couronne, fol. 96 à 102.

siéges, tentures, sur gros de Tours et de Naples, sur moire et toile d'argent, d'après les modèles de Bailly peintre en miniature, de Bonnemer, de Testelin et Boulongne le jeune. Fayette exécutait les figures et Balland le paysage. Du fragile résultat de ces travaux, il n'existe aujourd'hui, nous le croyons du moins, que les articles de dépenses consignés dans les comptes des bâtiments du roi:

« Du 25e janvier 1671.

« Aux brodeurs ci-après nommés, scauoir :

« A Simon Fayait, 337# 10s pour 22 semaines, à Philbert Balland, 270# pour 22 1/2 semaines, et 627# pour ceux qui ont travailléz 232 journées. 1,234# 10s.

« Du 8e avril 1676 ;

« A Fayait, pour ouvrages de broderie qu'ils a faits sur une pièce de tapisserie peinte sur du gros de Tours. 477# 10s.

« Du 2e juin 1679 ;

« A Telelin (*Testelin*) pour un tableau pour servir de patron aux portières de broderies représentant la figure de Jupiter assis sur un aigle. . . . . 300#.

« Du 11e juin 1679 ;

« A Fayet brodeur pour fourniture et façon de deux carrez à fonds de moire bleue faits pour le service de Sa Majesté . . . . 220#.

« Du 19e aoust 1682 (estat des gages des ouvriers des Gobelins, des 6 premiers mois 1682) ;

« A Balland brodeur en paysage. . . . . 75#.

« A Fayette brodeur en figures. . . . . 75#.

« Du 6e décembre 1682 ;

« A Balland brodeur, pour les broderies sur une pièce de tapisserie représentant une manière de prendre des oyseaux au passage. . . . . 400#.

« Du 25 mars 1685 ;

« A Boulogne autre peintre, pour son payement des desseins d'oyseaux, tant à l'huile qu'en détrempe, qu'il fait pour servir aux broderies entreprises par le s[r] Balan, cy . . . . 72#.

« Du 22 avril 1685 ;

« A Bonnemer peintre, pour son payement de six tableaux, en mignature, représentant des devises pour les broderies du meuble de la gallerie de Versailles. 300#.

« Du 17 novembre 1686 ;

« A Bonnemer peintre III[c] # pour son payement de 5 grandes devises peintes sur veslin, avec les poncifs pour tracer sur la moire, pour servir aux broderies de Sa Majesté, à 60# chacun, cy. . . . . 300#.

« Du 8[e] septembre 1686 ;

« A lui III[c] # pour son payement de 5 tableaux de devises, figures et paysages qu'il a peints en mignature sur du veslin, pour servir aux broderies de Sa Majesté, cy. . . . . 350#. »

Les peintres Bailly et Bonnemer travaillèrent pendant plusieurs années à des tentures de *l'Histoire du Roi*, peintes en miniature sur étoffe de soie ; on lit dans les mêmes comptes :

« Du 22 febvrier 1673 ;

« Au Sr Bailly peintre pour son remboursement de ce qu'il a payé aux ouvriers qui travaillent aux ouvrages de tapisserie sur de la moire, suivant le rolle fini, le 18e du présent mois, et 371# pour achapt d'or moulu. 2,524# 5[s].

« Du 19 avril 1672 ;

« Au Sr Bailly peintre, parfait payement de 1,200#, pour la tapisserie de minature qu'il a fait pour le roy. . . . . 800#.

« Du 28e nouembre 1677 ;

« A Bonnemer, peintre, pour ouvrages qu'il a faits aux tapisseries de peinture en teinture (*sic*) sur du gros de Naples. . . . . 739#.

« Pour les tapisseries de l'histoire du roy sur du gros de Tours, 25,000#. (1678. Compte de recepte).... »

Et dans l'inventaire des meubles de la Couronne (1690) :

« Quatre pièces de tapisseries d'étoffe de soye très large, à gros grain, gris de perle, peinte par le sieur Bonnemer, aux Gobelins, représentant le passage du Rhin et plusieurs villes de la Hollande, contenant ensemble vingt trois aunes sept seizièmes de cours, sur trois aunes et demy de haut, auec deux côtez de bordures imparfaites de même étoffe peinte.

« Une tenture de tapisserie peinte, sur fond de toille d'argent trait, représentant partie de l'histoire du roy, dessein du S[r] le Brun, dans des bordures différentes remplies des armes de France et des chiffres du roy, auec ornemens et fleurs peintes au naturel, contenant quatorze aunes et demy de cours, en huit pièces, sur deux aunes un sixième de haut (1). »

Nous ne parlerons ni des travaux très-connus des célèbres graveurs Audran, Rousselet, Sébastien le Clerc, ni de ceux des sculpteurs Tubi et Coisevox, qui, tous, résidaient aux Gobelins, ni de ces belles œuvres d'orfévrerie ciselée que leur valeur artistique ne put préserver d'une complète destruction et que Louis XIV, en 1690, par suite d'une guerre ruineuse, crut devoir faire porter à la Monnaie ; elles avaient été en partie exécutées aux Gobelins par Alexis Loir, du Tel, Claude de Villers et ses fils (2).

La manufacture de la Savonnerie exécutait dans le même temps, d'après les modèles de Baptiste Monnoyer, de Francart, de Blain de Fontenay, de le Moyne, de grands travaux qui, par leur caractère décoratif et par leur multiplicité, échappent, en quelque sorte, à la des-

(1) Inventaire des meubles de la couronne, KK. 363. Arch. de l'empire, fol. 67 à 78.

(2) La famille de Villers s'est maintenue aux Gobelins pendant plusieurs générations ; le dernier orfévre de ce nom, Claude de Villers, y est mort le 28 mars 1755.

cription : tapis pour les galeries de Versailles et du Louvre, meubles, siéges de toute forme, paravents, portières, etc.

Le tapis de la galerie d'Apollon, au Louvre, se composait de treize tapis de composition variée et analogue à celle du tapis de la grande galerie de jonction du Louvre aux Tuileries, tapis dont nous avons donné, pag. 44, une courte description, d'après les inventaires des meubles de la Couronne. Par suite de son immense étendue et du don fait à un souverain étranger (1) de plusieurs des tapis particuliers qui le composaient, ce dernier ne fut achevé, ainsi qu'il résulte des comptes des bâtiments du roi, qu'à une époque avancée du règne de Louis XIV (2).

(1) « 15e janvier 1687. (*Compte de recepte.*)

« De luy (Gédéon du Metz, garde du trésor royal) v^{m} LXII$^{\#}$ pour deliurer à Louis du Pont, tapissier, pour son payement d'un grand tapis de laine, ouvrage de la Savonnerie, qu'il a fait et livré pour remplacer le 22e de la suitte de la grande gallerie du chasteau du Louvre qui a esté delivré par ordre de Sa Majesté, le 27 janvier 1685, pour envoyer au roy de Siam, contenant 7 aunes 1/2 de long sur 4 aunes 1/2 de large, faisant en tout 35 aunes 3/4 carrées, à raison de 150$^{\#}$ l'aune carrée, et 42$^{\#}$ 3^{s} 9^{d} pour les taxations... 5,104$^{\#}$ 13^{s} 9^{d}.

« Du 25 janvier 1687.

« De luy III^{m} VI^{c} IIII XX VII$^{\#}$ X^{s} pour delivrer à la veuve Lourdet, tapissier, pour son payement d'un tapis de laine, ouvrage de la Savonnerie qu'elle a fait et livré pour remplacer le onzième de la suite de la grande gallerie du chasteau du Louvre, donné par ordre de Sa Majesté, le 27 janvier 1685, pour envoyer au roi de Siam, contenant 7 aunes 1/2 de long sur 4 aunes 1/6 de large, faisant en tout 31 aunes 1/4 carrées, à raison de 150 l. l'aune carrée et 39$^{\#}$ 1^{s} pour les taxations, cy. . . . . 4,726$^{\#}$ 11^{s} 3^{d}

(2) « Du 3e juin 1685. (*Extrait du compte de dépense.*)

« A la veuve Lourdet, tapissier, II^{m} V^{c} IIII XX$^{\#}$ XVI^{s} III^{d} pour solde de compte des tapis qu'elle a livrés pour la grande gallerie du Louvre, depuis l'année 1664, jusques au 5e novembre 1683 montant à 274,037$^{\#}$ 6^{s} 3^{d}, cy. . . . . 2,594$^{\#}$ 16^{s} 3^{d}.

« Du 1er juillet 1685.

« A elle III^{m} IX^{c} LX$^{\#}$ pour son payement d'un tapis de laine con-

Par la fécondité de son génie et par sa prodigieuse activité, Ch. le Brun suffisait à la direction artistique de la manufacture des meubles de la Couronne et aux immenses travaux, de tous genres, dont il était chargé au dehors. « ... On ne doit pas, dit un journal de 1690 (1), le regarder, en cette occasion, comme peintre seulement; il avoit un génie vaste et propre à tout; il était inventif, il savoit beaucoup, et son goût étant général, ainsi que son savoir, il tailloit, en une heure de temps, de la besogne à un nombre infini de différents ouvriers. Il donnoit des desseins à tous les sculpteurs du roy. Tous les orfèvres en recevoient de lui : ces candelabres, ces torchères, ces lustres et ces grands bassins ornés de bas-reliefs qui représentoient l'histoire du roy, n'estoient que sur ses desseins et sur les modèles qu'il en faisoit faire. Il donnoit en un mesme temps des desseins pour tendre des appartements entiers. Pendant que tant d'ouvriers travailloient sur ses desseins, il y en avoit une infinité qui n'estoient occupés que par ceux qu'il avoit donnés pour des tapisseries; il a fait ceux de la bataille et du triomphe de Constantin, ceux de l'histoire du roy et de celle d'Alexandre, des maisons royales, des saisons, des éléments et plusieurs autres; enfin l'on peut dire qu'il faisoit tous les jours remuer des milliers de bras et que son génie estoit universel... Quoique je vous ayes nommé beaucoup de ses ouvrages, j'ai oublié de vous parler de ces grands et superbes cabinets qui se faisoient aux Gobelins sur ses desseins et sous sa conduite; il sembloit que tous les arts y eussent mis chacun leur morceau. On en a vu beaucoup dans la galerie des Tuileries, et entre autres le cabinet d'Apollon, car tous

tenant 6 aunes de long sur 4 aunes de large qui font 24 aunes au carré, à 165# l'aune qu'elle a fourni pour la grande gallerie du Louvre, cy . . . . 3,960#

(1) *Mercure de France*, février 1690.

ces cabinets ont leur nom et sont historiés. Enfin M. le Brun estoit si universel que tous les arts travailloient sous luy et qu'il donnoit jusques aux desseins de serrurerie. J'en puis rendre témoignage, puisque j'ai vû regarder, par de très-habiles étrangers, des serrures et des verroux de portes et fenêtres de Versailles et de la gallerie d'Apollon au Louvre, comme des chefs-d'œuvre dont ils ne pouvoient se lasser d'admirer la beauté... La réputation de le Brun augmentant de jour en jour, tant en France que parmi les estrangers, le roy lui envoya son portrait entouré de diamants, dont il y en a un d'un fort grand prix, et luy donna peu de temps après des lettres de noblesse (1) et des armes qui sont un soleil en champ d'argent et une fleur de lys en champ d'azur, avec un timbre de face. »

Le successeur de Ch. le Brun, en 1690, P. Mignard, trop âgé pour exercer utilement les fonctions de directeur des manufactures royales, n'en eut guères que le titre; toute la partie active fut confiée à M. de la Chapelle-Bessé, architecte, intendant des bâtiments du roi et contrôleur au département de Paris; il fut, de plus, créé aux Gobelins une académie de dessin, d'après l'antique et le modèle vivant, dirigée par trois membres de l'académie de peinture et de sculpture; la première mention

(1) Louis XIV fut encore plus libéral; nous lisons sous la date du 25 septembre 1681 (comptes des bâtiments du roy) :

« Au sieur le Brun premier peintre du roy, 5,000#, faisant, avec 10,000# qu'il a receus en juillet et aoust, 15,000#, à compte des 20,000# à luy accordez par Sa Majesté, pour bastir une maison à Versailles, suivant l'ordonnance de fonds expédiée, cy. . . 5,000# »

Et sous la date du 23e décembre 1681.

« Au sieur le Brun, parfait payement des 20m # de gratification à luy accordez par Sa Majesté. . . . . 10,000# ».

Le roi avait, de plus, donné à le Brun l'emplacement nécessaire pour cette maison. — A.-L. L.

en est faite, dans les comptes des bâtiments du roi, à la date du 30 décembre 1691 :

« Aux ouvriers et autres cy-devant nommez, pour leurs appointemens des six premiers mois 1691, y compris CL# aux sieurs Tuby, Coisevox et le Clerc, pour le soin et conduite qu'ils ont de l'académie des Gobelins, poser le modèle et instruire les élèves de ladite académie ; à raison de 300# par an, cy. . . . . . 1375#. »

Dès l'année suivante, 1692, ces professeurs sont portés au nombre de quatre : deux sculpteurs, Tuby et Coisevox ; deux peintres, le Clerc et Verdier.

La première tenture, dite des Indes (1), celle de la galerie de Saint-Cloud, d'après Mignard, et celle des arabesques de Raphaël, en huit pièces, arrangés par Noël Coypel (2), datent de cette époque.

Mais bientôt Louis XIV, qui avait déjà sacrifié les chefs-d'œuvre d'orfèvrerie des Ballin, des de Launay, des de Villers, se vit dans la dure nécessité de congédier les habiles tapissiers qu'il avait eu tant de peine à réunir et à former : 21 ouvriers s'engagèrent dans l'armée française ; 23 se rendirent en Flandre, leur pays natal, et une autre partie à Beauvais, où le sieur Béhagle, directeur de la

(1) Les modèles originaux de cette tenture, en huit tableaux, exécutés aux Indes, et représentant des animaux, des fleurs, des fruits, des paysages, avaient été donnés au roi par un prince d'Orange et *raccomodés*, de 1687 à 1692 par Fontenay, Houasse, Bonnemer, Desportes et Yvart, *pour faire en tapisserie*.

(2) « Du 3 avril 1695.

« Au sieur Coypel peintre IIc# pour avec 23,800# qui lui ont esté ordonnez, sçavoir : 1,700# en 1684, 600# en 1685, 2,000# en 1686, 3,800# en 1687, 1,900# en 1688, 4,100# en 1689, 2,000# en 1690, 3,000# en 1691, 2,000# en 1692, 1,500# en 1693, 900# en 1694, CL# le 3 janvier dernier, et 150# le 7 mars ensuivant, faire le parfait payement de 24,000# à quoy montent les huit tableaux d'arrabesques qu'il a peints, d'après Raphaël, pour faire en tapisserie aux Gobelins, cy. . . . . 200# »

(Extrait des Comptes des bastiments du roy.)

manufacture, fondée dans cette ville, en 1664, l'employa pendant quelques années aux tapisseries qu'il faisait pour le roi et pour le commerce.

Cette interruption totale des travaux, en 1694, la seule que la manufacture ait éprouvée depuis sa fondation, fut toutefois de courte durée : Jules Hardouin Mansard, nommé en 1699 surintendant des bâtiments, arts et manufactures du royaume, la rendit à toute son activité : dans cette même année, l'organisation de la manufacture se complète par la nomination d'un peintre inspecteur, le sieur Mathieu, de l'académie de peinture, obligé à résidence et chargé de suivre l'exécution des tapisseries, sans préjudice toutefois de l'ancien mode d'inspection toute bénévole exercée par les peintres dont on reproduisait les ouvrages. C'est à ce dernier titre que Baptiste Monnoyer, Yvart père et fils, Verdier, Martin, et, jusqu'à ces dernières années, nombre de peintres de l'école française ont quelquefois reçu le nom d'*inspecteurs*.

Robert de Cotte, architecte ordinaire et contrôleur des bâtiments du roi, est, à la même époque, nommé directeur particulier des manufactures royales (1).

Sous cette administration et pendant celle du duc d'Antin, successeur de Mansart (1708 à 1736), les tapisseries de l'histoire de Psyché, des fruits de la guerre (2),

(1) L'édit de Louis XIV (janv. 1712), pour la restauration de la Savonnerie, confirme Robert de Cotte dans les fonctions de directeur pour cette manufacture.

(2) Les *Fruits de la guerre*, en huit pièces, de 4 aunes 2/16 de haut sur 55 aunes 9/16 de cours, savoir : « une prise de ville, la bataille, le festin, le triomphe, la petite guerre, l'incendie de Troyes, les contributions, l'empereur sur son trosne. »

Pour en faire les modèles, on avait copié les tapisseries données au cardinal Mazarin par don Louis de Haro, ministre plénipotentiaire d'Espagne, après les conventions relatives au mariage de Louis XIV, à Saint-Jean-de-Luz.

des actes des apôtres, du Vatican, des arabesques, d'après Raphaël, des mois, des saisons, des enfants jardiniers, des batailles d'Alexandre, d'après le Brun, de la tenture indienne, déjà exécutées dans la période précédente, et quelques portières d'après Claude Audran le jeune et L. Boulongne, répétés à satiété, constituent la plus grande partie du travail des Gobelins; fait qui explique, s'il ne justifie entièrement, l'allégation des entrepreneurs, se plaignant, dans un mémoire adressé en 1748 au directeur général, « ..... d'avoir été dénués de modèles pendant quarante ans (1).... » Il est certain que plusieurs séries de modèles destinés à la fabrication de nouvelles tentures furent exécutées à la même époque : Charles Coypel commença, en 1715, vingt-sept tableaux dont les sujets sont tirés du roman de don Quichotte (2), dès l'année 1715, plusieurs grands tableaux de la suite de l'histoire de Louis XIV étaient exécutés par divers peintres (3), enfin quatre tableaux des chasses de Louis XV, par Oudry, existaient déjà en 1736 (4).

Le premier soin du nouveau directeur général Orry,

(1) Archives particulières de la Manufacture des Gobelins.

(2) Le même peintre, quelques années plus tard et d'après les ordres de M. Orry, composa une autre tenture en sept pièces : Rodogune et Cléopâtre (scène de théâtre), Roxane et Atalide, Hercule ramenant Alceste à Admète, Psyché abandonnée par l'Amour, le sommeil de Renaud, l'évanouissement d'Armide au départ de Renaud, la destruction du palais d'Armide.

(3) La prise de Namur, par Martin et Lecomte; la soumission du doge de Gênes, par Hallé; Louis XIV rendant grâces à Dieu pour sa guérison, par Vernansal; le baptême de Mgr le Dauphin, par Christophe; la naissance de Mgr le duc de Bourgogne, par Antoine Dieu; le mariage de Mgr le duc de Bourgogne, par le même peintre.

(4) Voici les sujets de ces tapisseries : « la veue de Compiègne, les roches de Fontainebleau, le rendez-vous au puits du roy, le limier, le relai, la Muette, l'étang de Saint-Jean. » Sur ces sept pièces, *quatre seulement* avaient été exécutées sous le duc d'Antin.

en 1736, fut de remplacer tous les modèles de l'époque de Louis XIV, noircis par le temps et l'usage, mis en lambeaux par le travail de la basse lisse (1), et de rétablir l'*Académie* ou école de dessin, qui n'était plus que l'ombre d'elle-même. Il mit à sa tête le peintre Leclerc (2) et commanda de nouveaux modèles de tentures aux peintres de Troy (3), Restout, Jouvenet (4), Charles Coypel,

(1) Les tableaux, divisés en bandes de 90 centimètres environ de largeur, se plaçaient sous la chaîne du métier de basse lisse et y restaient pendant toute la durée du travail nécessaire pour les reproduire en tapisserie.

Dans la haute lisse, on appliquait les tableaux sur la chaîne pour en calquer directement les contours, ce qui les brisait en tout sens. En 1737, on fit disparaître ces inconvénients en substituant au tableau, dans les deux cas dont on vient de parler, un calque sur papier dioptique ou transparent, innovation due en grande partie à un habile tapissier, le sieur Neilson, depuis chef d'atelier de basse lisse (de 1749 à 1788).

(2) Ancien professeur de l'*académie* des Gobelins, membre de l'académie en 1751, mort aux Gobelins le 29 juin 1763.

(3) De Troy a composé : 1° l'histoire d'Esther, en sept pièces : la toilette d'Esther, le repas d'Esther à Assuérus et à Aman, l'évanouissement d'Esther, le repas d'Esther, le dédain de Mardochée envers Aman, le couronnement d'Esther, le triomphe de Mardochée, Aman arrêté par ordre d'Assuérus ; 2° l'histoire de Jason et de Médée, en sept pièces : Jason engage sa foi à Médée, Jason arrête la fureur des taureaux, Jason enlève la toison d'or, les soldats nés des dents du dragon, Jason épouse Créuse dans le temple de Jupiter, Créuse consumée par la robe empoisonnée, fuite de Médée.

Ces deux tentures, souvent répétées aux Gobelins, ont été données à plusieurs souverains étrangers : celle d'Esther meuble, dans le château de Windsor, la chambre d'audience et la chambre de présence de la reine.

La tenture de Jason et de Médée décore la salle de bal du même château. Toutes ces tapisseries sont d'une parfaite conservation.

(4) On doit à Restout et à Jouvenet huit scènes du Nouveau Testament composant une seule tenture : le baptême de Notre-Seigneur, Jésus-Christ lave les pieds à ses apôtres (par Restout), le repas chez le pharisien, les vendeurs chassés du temple, la cène, la ré-

C. Van Loo (1), Natoire (2), Colin de Vermont (3)...

Desportes eut ordre de refaire les modèles complétement usés de la tenture indienne; modèles qui ont eu un privilége dont les annales de l'industrie n'offrent sans doute pas un second exemple, celui d'avoir été employés sans interruption dans les mêmes ateliers (ceux de basse lisse des Gobelins) pendant 140 ans. La première pièce de cette tenture a été exécutée vers 1690, et la dernière, partie en basse lisse, partie en haute lisse, de 1825 à 1830 (4).

Un long et vif débat (d'amour-propre et d'intérêt privé surtout) qui eut lieu, à peu près à cette époque, entre les entrepreneurs et le peintre Oudry, inspecteur depuis 1736 aux Gobelins, en même que directeur-entrepreneur de la manufacture de Beauvais, fournit de trop précieux renseignements sur l'état de l'art des tapisseries vers le milieu du dix-huitième siècle, pour ne pas mettre sous les yeux du lecteur partie des pièces du procès :

« ... Nous avons vû un tems, écrit Oudry au directeur général (11 mai 1748) où l'abandon des principes de l'art... a porté de fâcheuses atteintes à sa reputation (de la manufacture des Gobelins), où le malheureux terme de *coloris de tapisserie* accordé à une exécution sauvage, à un papillotage importun de couleurs âcres et discor-

surrection de Lazare, la pêche miraculeuse, la guérison des malades (par Jouvenet).

(1) Vanloo (Carle) a peint pour les Gobelins : Thésée domptant le taureau, Neptune et Amymone, un tableau d'enfants.

(2) Natoire a peint pour tapisseries : l'arrivée de Cléopâtre en Sicile, le repas de Cléopâtre et de Marc-Antoine, le triomphe de Marc-Antoine.

(3) Colin de Vermont a peint : Roger chez Alcine.

(4) Les modèles de Desportes, dits *des nouvelles Indes*, se composaient de huit pièces : le combat des animaux, le chameau, le chasseur, le cheval rayé ou le zèbre, les taureaux, les pêcheurs, le roi porté par deux Maures, l'Indien à cheval.

dantes ayant séduit jusqu'au premier supérieur, étoit substitué à la belle intelligence et l'harmonie qui fait le charme de ces ouvrages, aux yeux instruits comme aux autres, et où la partie de la correction n'étoit pas moins négligée que celle de ce bel accord.

« L'erreur d'où naissoit cette défectuosité subsistera toujours, tant que l'on ne formera pas l'ouvrier à l'application de ces principes qui seuls peuvent produire le vrai beau.

« La résistance qu'ont trouvé de ce côté tous nos habiles maistres, auteurs des tableaux qui ont été exécutés aux Gobelins, depuis une trentaine d'années (1), montre combien l'on y est encore éloigné de la connoissance et du goût de ces principes : résistance qui a été telle qu'aucun d'eux n'a pu y tenir. Tous se sont trouvés éconduits par l'ouvrier, *sur des prétendues raisons de fabrique*, qui n'ont servi qu'à leur faire voir que le mal étoit sans remède, sans le secours de l'autorité, et les ont laissé dans la douleur et le découragement de voir exécuter leurs ouvrages, avec des non valeurs des plus humiliantes pour eux. Si vous avez entendu, Monsieur, sur ce point, nos maîtres vivants, vous sçavez combien ils en sont pénétrés de déplaisir... Feu M. le duc d'Antin m'ordonna, en 1733, de prendre en ladite manufacture, la conduite des ouvrages qui s'y exécutoient d'après mes tableaux. M. Orry, en 1737, me commanda de continuer ce soin, et peu après me le fit étendre à la tenture de l'histoire d'Esther, d'après M. de Troy. Vous sçavez ces faits, Monsieur, vous connoissez cette tenture, elle forme une preuve frappante de mes succès, en cette occasion.

(1) Oudry ne remonte pas assez haut : l'examen attentif de ce qui s'était passé avant son inspection et des anciens produits de la manufacture, l'eût convaincu que le fait dont il se plaignait n'avait rien d'exceptionnel, et que le terme de *coloris de tapisserie* devait s'appliquer à toute l'ancienne fabrication. A.-L. L.

« Ces succès furent dûs particulièrement à la docilité que je trouvai alors dans les ouvriers, et à la parfaite conciliation avec laquelle leurs chefs voulurent bien s'assujettir à l'application *des véritables règles de l'art*, et à donner à leurs ouvrages *tout l'esprit et toute l'intelligence des tableaux; en quoi seul réside le secret de faire des tapisseries de première beauté*.

« Nulle altercation entre nous, pendant ce tems, nulle difficulté sur la part que je pouvois avoir dans l'exploitation d'une manufacture inférieure (1). Ce n'est que depuis peu qu'il paroît être survenu quelque changement dans ces dispositions si convenables au bien du service : depuis qu'il vous a plu, Monsieur, de m'honorer de vos ordres, et de donner à ces ordres une étendue plus générale (2).

« Comme vous vous expliquâtes, Monsieur, au sujet de ces ordres, à Messieurs les entrepreneurs, en ma présence, j'ai regardé comme un devoir indispensable de les exécuter avec toute l'exactitude dont je suis capable; je me suis transporté aux Gobelins, tous les lundis; j'y ay tenu la même conduite que par le passé, me renfermant dans les seuls enseignements relatifs à mon art, sans m'arroger aucune domination ni supériorité. A chaque visite que j'y ay fait, j'en ay rendu compte à M. d'Isle (3), et dans le plus juste détail; et j'ai lieu de croire qu'il étoit satisfait de ma manière de procéder... »
— « ... On ne peut disconvenir, disaient, de leur côté,

(1) La manufacture de tapisseries de Beauvais.

(2) Oudry remplissait exactement, sans en avoir le titre qui n'était pas encore inventé, les fonctions de *sur-inspecteur*. Il y avait en outre, aux Gobelins, un inspecteur obligé à résidence, le sieur Chastelain (1732 à 1755), qui avait succédé au peintre Mathieu.

(3) Directeur particulier des manufactures royales de tapisseries, architecte et intendant des bâtiments du roi, M. d'Isle avait succédé à M. de Cotte fils, en 1740.

les chefs d'atelier, que ce ne soit à l'entrepreneur à conduire ses propres ouvrages ; personne ne peut avoir une connoissance plus exacte que lui de ce qui est nécessaire pour les porter à leur perfection ; et supposé qu'il ait besoin de conseil, il lui est toujours aisé de s'aider de celui des plus habiles peintres d'histoire.

« Bien peindre et bien faire exécuter des tapisseries, sont deux choses absolument différentes... Ce ne sont point des termes de peinture dont il faut se servir avec les ouvriers ; *il faut leur parler également, en termes clairs, sur la tapisserie comme sur les tableaux, et avec connoissance sur ledit métier,* et c'est à nous de leur tenir ce langage, en suivant l'avis du peintre dont nous exécutons le tableau... Il y a, au garde-meuble de la couronne, d'anciennes tentures exécutées sous la conduite des seuls entrepreneurs qui étaient alors les sieurs Jans, Lefebvre, Leblond père et Lacroix ; elles étoient pour la couleur, *du ton dont les tapisseries doivent être, étant plus colorées que les tableaux ;* elles ont résisté à l'air, au temps, et sont encore dignes de l'admiration qu'elles ont excitée lorsqu'elles ont été faites, nommément celles des arabesques de Raphaël que vous avez vû dans les magasins du roy (1).

« On a travaillé à Beauvais, depuis ; on y a exécuté des tentures, sous la conduite du sieur Oudry ; que sont-elles aujourd'huy? quel air de vieillesse n'ont-elles pas, au bout de six ans?... *Il ne suffit pas, pour estre en état de conduire une manufacture, d'avoir la théorie, mais il faut avoir pratiqué pendant de longues années ;* aussi s'apperçoit-on aisément que ce qui sort de ses mains

(1) Il s'agit ici de la tenture dont les modèles avaient été exécutés par Noël Coypel, de 1684 à 1695. Il existe, au garde-meuble et aux Gobelins, quelques-unes de ces tapisseries dans un état très-satisfaisant de conservation, et qui, encore aujourd'hui, justifient de tout point l'assertion des entrepreneurs.

n'est pas de longue durée... On a fait couper tout récemment, sur une pièce de M. Coipel, la teste d'Armide dans l'hatelier du sieur Monmerqué, la seconde a esté conduite sous les yeux du sieur Oudry, et cette seconde a esté trouvée mal faite, avec vérité, par M. Coipel même ; nous ne pouvons ignorer que la première étoit mieux, ce qui ne prouve que trop le peu de connoissance du sieur Oudry pour cette partie... »

Les mêmes tapisseries étaient ainsi admirées ou critiquées, selon les points de vue divers du fabricant et du peintre : celui-ci voulait le ton juste du modèle ; ceux-là, pour la conservation des tentures et pour le maintien à un taux modéré du prix de revient, voulaient *le coloris de tapisserie :* on comprend, en effet, que l'abandon de l'ancien mode de fabrication livrait, sous ce rapport, le fabricant et l'ouvrier aux exigences croissantes de l'art et à toutes les chances de l'inconnu. Comment, en effet, limiter, à un taux quelconque, les frais d'une œuvre de tapisserie, toute à la discrétion d'un artiste étranger à la question industrielle ?... Quand le peintre chargé de suivre de tels travaux n'est pas satisfait d'un détail, l'unique remède est de couper la trame de la tapisserie et de recommencer ; manœuvre pénible pour le tapissier et ruineuse, s'il est à ses pièces, comme l'étaient alors les entrepreneurs des Gobelins. Dans l'ancien système, où le coloris était fixé, une fois pour toutes, par un petit nombre de couleurs franches, quelles que fussent d'ailleurs les conditions du modèle, il était rare que le tapissier recommençât ; dans le système moderne rien n'est plus habituel ; nous connaissons tel détail de tapisserie, récemment achevée, qui a dû être refait plusieurs fois. De plus, pour faire ce que voulait Oudry, pour donner, selon ses propres expressions, aux tapisseries, *tout l'esprit et toute l'intelligence des tableaux*, il fallait mettre de côté toutes les traditions, et ce n'était pas sans fondement que les entrepreneurs lui opposaient ce qu'il appelle *de prétendues raisons de fabrique.* L'administration maintint Oudry en fonctions et donna mission au directeur particulier de *rassurer* les entrepreneurs (1) : en marge de l'un des mémoires de ces derniers (1748) se trouve cette apostille, de la main de M. de Tournehem :

« *A Monsieur d'Isle.*

« Il me paroît nécessaire de rassurer les entrepreneurs, *sans rien changer à l'état présent.* Je laisse à Monsieur d'Isle, sur ce que nous avons dit ensemble, de faire agir, en cette occasion, sa prudence. »

Et plus bas, Mr d'Isle a écrit : « Je feray de mon mieux pour exécuter les ordres de Monsieur et suivre son intention. »

Ce directeur ne fut sans doute pas heureux dans sa négociation, car, en 1754 (le 30 juin), un ami d'Oudry, le graveur Lépicié, écrivit à M. de Vandières (2), alors directeur général des bâtiments du roi :

« .... Je sai que plusieurs de ceux qui sont à la tête des ateliers de la manufacture des Gobelins n'y paraissent que rarement le jour que M. Oudry y vient faire sa visite, et que cet habile homme, le plus souvent, ne peut dire son avis qu'à des ouvriers qui n'osent le répéter à leurs supérieurs, dans la crainte de les indisposer contre eux.

« Ce manquement étant formellement opposé à vos intentions et au bien du service, je crois, Monsieur, que vous pourriez remédier aux suites dangereuses de ce procédé, en donnant un ordre précis à tous les tapissiers

(1) Audran, Monmerqué, le Blond fils, Neilson.

(2) M. de Vandières avait succédé à M. Tournehem en novembre 1751. Il prit, en 1755, le titre de marquis de Marigny, et conserva ses fonctions de directeur général jusqu'en 1773.

de s'y trouver, sans aucune exception. Je pense même que c'est là le seul moyen de les remettre dans la voie du bon goût dont ils s'écartent *par un travail purement de routine qui ne rend ni le ton juste*, ni la correction du tableau qu'ils ont à exécuter... »

L'ordre sollicité fut immédiat et conçu en ces termes :

« Paris, ce 30 juin 1754.

« M. Oudry se plaint, Messieurs, que vous êtes rarement présents à ses visites d'ouvrages de la manufacture ; il importe cependant au bien du service et à la décence que vous y assistiez. Les lumières d'un bon artiste peuvent vous être d'une grande utilité, et quoique votre capacité me soit connue, vous devez à sa place et à son habileté l'attention de le consulter et de l'entendre.

« Je suis, etc. De Vandières. »

François Boucher, nommé sur-inspecteur, après la mort d'Oudry (1) en 1755, put exercer paisiblement ces fonctions :

« La satisfaction que nous ressentons de la nomination de M. Boucher, au lieu et place du feu sieur Oudry, écrivent les entrepreneurs au directeur général, nous est trop agréable, Monsieur, pour ne pas vous en marquer notre sincère reconnaissance ; il nous a dit qu'il avait refusé les offres avantageuses qui lui ont été faites de la part des directeurs de la manufacture de Beauvais, pour s'attacher entièrement à nous : au moyen de quoy, nous marcherons tous d'un pas égal, sans aucun sujet de jalousie, et ne lui cacherons rien de la manutention de nos ouvrages et des différentes difficultés dont l'art de la tapisserie est susceptible ; le tout pour parvenir ensemble au plus haut degré de perfection où il nous soit possible d'atteindre, et cela pour seconder les vues qui

(1) Décédé le 30 avril 1755, âgé de 69 ans.

vous font agir, Monsieur, pour le soutien de notre manufacture, et notre bien personnel. (1) »

On voit, par la réponse du directeur général, que l'administration n'entendait pas attribuer à un seul artiste, une influence absolue sur les œuvres d'art de la manufacture.

« ... En donnant cette place à Mr Boucher (2), dit M. de Marigny, j'ay compté que la mutuelle communication de ses lumières et des vôtres ne manqueroit pas de porter la tapisserie à ce degré de perfection que nous désirons tous, et j'attends cet effet de votre mutuel concours... Je luy ay écrit que je comptois aussi sur ses ouvrages, qu'il les verroit exécuter (aux Gobelins) avec plus de précision qu'ils ne l'ont été ailleurs (3). Enfin que lorsque les autres peintres donneront des tableaux à la manufacture, ceux-cy auront la liberté d'aller les voir exécuter, de vous communiquer leurs sentiments, sans que pour cela il puisse regarder, comme une atteinte portée à sa place, la visite et les conférences que vous aurés avec eux... (4) »

Soufflot (5), alors directeur des manufactures des Gobelins et de la Savonnerie, secondé par l'entrepreneur Neilson et par un célèbre mécanicien, introduisit dans la fabrique de basse lisse une notable amélioration, en

(1) Lettre des sieurs Audran, Cozette et Neilson, du 21 août 1755.

(2) Il ne l'occupa que jusqu'au 14 août 1765, époque de sa nomination comme premier peintre du roi.

M. Pierre (Jean-Baptiste-Marie), premier peintre du duc d'Orléans, succéda à Boucher dans les fonctions de sur-inspecteur des Gobelins, et dut les résigner lui-même, lorsqu'en 1770 il fut nommé premier peintre du roi. Noël Hallé les remplit ensuite de 1773 jusqu'à son décès, le 5 juin 1781.

(3) A la manufacture de Beauvais.

(4) Lettre de M. de Marigny, du 3 juillet 1755.

(5) Nommé, en 1755, en remplacement de M. d'Isles, décédé le 12 décembre de la même année.

substituant le métier actuel à l'ancien, dont les inconvénients sont ainsi expliqués par lui-même à M. de Marigny : « . . . Il m'a paru qu'un des plus grands est la difficulté de voir l'ouvrage, à mesure qu'il se fait, parceque la chaisne étant tendue horizontalement, il faut nonseulement faire ôter la planche qui supporte les traits dessinés du tableau que l'on voit à travers cette chaisne et qui guide l'ouvrier, mais encore passer sous les métiers, pour examiner ce qui est fait. Cet examen ne peut se faire qu'imparfaitement ; l'examinateur est trèsgêné et l'objet de l'examen fort mal éclairé, d'où il s'ensuit que l'on ne peut, pour ainsi dire, bien juger des défauts de l'ouvrage que quand la pièce est sortie du métier et qu'il n'est plus temps d'y remédier, tandis que, à la haute lisse, l'ouvrier travaillant à l'envers, comme celui de la basse lisse, a la faculté de voir à tous les instants, ou de faire voir sa production, du côté opposé, parce que la chaisne est tendue perpendiculairement, et par conséquent aussi le pouvoir de corriger, si il a erré, ou dans la nuance, ou dans le contour, aussitôt qu'il apperçoit la faute, ou que l'entrepreneur la remarque, simplement en passant devant le métier.

« J'entrevois des moyens de procurer à la basse lisse la faculté d'examiner souvent l'ouvrage, sans occasionner beaucoup de perte de temps à l'ouvrier ; il faudrait pour cela que les rouleaux qui contiennent la chaisne, au lieu d'être posés, comme ils le sont, sur des traverses fixes, fussent ajustés sur un chassis mobile.... que le métier qui est horizontal put être mis en un moment presque perpendiculaire, et par conséquent dans une situation propre à examiner l'ouvrage, aussi bien qu'à la haute lisse (1).... »

Vaucanson résolut ce problème ; il ne prit que trois

(1) Lettre de Soufflot à M. de Marigny, du 29 mai 1757.

mois de l'année 1757 pour composer et faire exécuter le nouveau métier, encore employé à la manufacture de Beauvais.

La première épreuve en fut faite aux Gobelins par Neilson qui, depuis 1749, dirigeait avec une grande habileté les ouvrages de basse lisse; à l'aide du métier de Vaucanson, il porta bientôt à toute sa perfection (1) cette branche de l'art de fabriquer la tapisserie. Quelques années plus tard, Neilson mit toute son activité au perfectionnement des procédés de teinture employés aux Gobelins. On se plaignait alors de la mauvaise qualité des laines et des soies teintes pour tapisseries, du peu de fixité des couleurs; défaut d'autant plus sensible que le goût dominant de l'époque était pour les œuvres figurées, de tons très-légers, et que dans ces sortes de nuances il est beaucoup plus difficile de teindre solidement que dans les nuances vigoureuses : des tableaux de Natoire, de F. Boucher, de Carle Vanloo, etc., à ceux de N. Poussin, de Ch. le Brun, de Van der Meulen et de toute l'école solide du bon temps de Louis XIV, la distance est grande en effet; à cette difficulté il faut ajouter celle de l'imitation scrupuleuse, de plus en plus exigée par les successeurs de Charles le Brun. Ce dernier, en changeant la nature des modèles, avait, du moins, laissé le tapissier à ses gammes primitives, à son mode habituel de traduction, et ne lui avait demandé qu'un peu plus de correction. La conséquence

(1) Fait publiquement constaté, en 1760, par l'exécution simultanée de quatre pièces de tapisserie, savoir : deux par Cozette père et Audran, entrepreneurs de haute lisse, et les deux autres par Neilson. Lorsqu'elles furent achevées, M. de Marigny les fit placer dans son hôtel à Paris, et invita les plus habiles peintres et amateurs à donner leur avis. Il fut entièrement favorable à Neilson; on trouva ses tapisseries aussi belles que celles qui avaient été fabriquées en haute lisse, et même d'une perfection plus grande dans les sujets délicats chargés de petits détails : les fleurs, les animaux à poil et à plume, etc.

naturelle de la complication du travail de la tapisserie dut être de compliquer aussi, d'une façon très notable, le travail de la teinture. C'est à ces diverses circonstances, bien plus qu'à l'inhabileté des personnes, qu'il faut attribuer les inconvénients dont on se plaignait; il est d'ailleurs juste de remarquer que le teinturier Kerchove, autrefois appelé des Pays-Bas, n'avait laissé aucun élève vraiment digne de lui; et qu'au temps dont nous parlons, vers la fin du règne de Louis XV, l'atelier de teinture des Gobelins était aux mains d'ouvriers n'ayant qu'une routine incertaine et mystérieuse.

Pour remédier à un tel état de choses, l'administration, sur la demande des trois entrepreneurs, avait cru, en 1769, devoir leur confier la direction de l'atelier de teinture; ce n'était pas tout cependant; il fallait encore un teinturier plus habile que ceux dont on s'était servi depuis plusieurs années.

« .... Après bien des recherches, dit M. de Montucla, secrétaire de la direction des bâtiments (1), les sieurs Neilson, Cozette et Audran, mais surtout le sieur Neilson, qui met dans la recherche de tout ce qui peut servir à son art beaucoup d'activité, ont trouvé un sieur Quemiset, homme instruit dans la chimie et dans la théorie de son art, qu'ils ont mis à la tête de leurs teintures.

« Ce n'a pas été sans consulter d'habiles gens, et en particulier M. Macquer (2), qui le connoît et qui fut étonné de l'étendue de ses vues, au point de le regarder comme un charlatan, mais qui lui rendit plus de justice après avoir causé avec lui sur la théorie de son art; il est aussi connu de MM. Buquet, Mitouard et Beaumé.

« J'ai vû un mémoire de cet homme présenté à

(1) Dans un rapport adressé au directeur général en 1775.

(2) Célèbre chimiste, membre de l'académie des sciences, professeur de chimie au jardin du roi, né à Paris en 1718, mort en 1784.

l'académie royale des sciences, sur la perfection de la teinture, qui m'a paru contenir beaucoup de vues, et M. Neilson m'en a communiqué un autre sur un grand et immense travail qu'il a entrepris et qui est même avancé, sur le même sujet; c'est un tableau de toutes les couleurs et de toutes les nuances, avec une instruction sur la manière de les exécuter, en un grand nombre de planches, dont plusieurs sont faites au moyen des avances que lui a faites M. Neilson.

« Cet homme paroît être vraiement celui qu'on pourroit employer pour opérer, en se conduisant d'après les lumières de quelque chymiste éclairé, la révolution désirée dans la teinture des Gobelins; car il a l'enthousiasme de son métier; et s'il savoit qu'il y a à Berlin un homme qui a un procédé particulier pour une teinture qu'il ne sçait pas faire, il abandonneroit la manufacture pour y courir à pied, et apprendre son secret; c'est même ce qui fait craindre au sieur Neilson que cet homme ne les abandonne, quelque matin, et il désireroit fort qu'on pût l'attacher à la manufacture de manière à l'y fixer.... »

Ce teinturier, entré aux Gobelins sur la fin de l'année 1773, avec le salaire qu'on donnait alors à un compagnon teinturier (600 #), y vécut pendant dix ans, très-pauvre, mais toujours plein du même enthousiasme, employant le peu qu'il gagnait à se procurer des livres, à faire des cours sur la teinture, à publier le résultat de ses expériences (1). Neilson, resté seul à la tête de la

(1) Il avait déjà publié en 1769, à Rouen, le programme d'un cours d'*observations sur l'art de teinture*, en onze pages. Il y prenait le titre de *teinturier par privilége*. Ce cours, dont il avait fixé le prix à deux louis, pour chaque souscripteur, devait avoir pour objet l'application, sur le coton, des cinq couleurs primitives reconnues par Hellot. En 1775, parut un autre livre, l'*Art d'apprêter et teindre toutes sortes de peaux*, par M. Quemiset, teinturier sous le bon plai-

teinture, eut le mérite d'apprécier les grandes qualités de Quemiset, de les appliquer à la recherche des procédés perfectionnés qu'exigeait alors une fabrication très-éloignée de sa simplicité primitive, et de faire des avances considérables (1), tant pour ces travaux de recherche, que pour l'exécution d'un beau et utile projet : la teinture réduite à des principes fixes, à des procédés constants et connus ; le tout expliqué, et par une exacte description, et par un tableau coloré comprenant toutes les nuances employées et leurs dégradations. MM. Macquer, Soufflot et Montucla, chargés par le directeur général de l'examen de ces travaux, s'expriment ainsi dans un rapport du 5 mars 1772 :

« Il est certain que, dans l'état actuel de l'art de la teinture, il n'y a de procédés fixes et constants que pour un très-petit nombre de couleurs premières, simples ou réputées telles, comme sont le rouge, l'orangé, le jaune, le verd, le bleu, le violet, le noir et quelques autres, et que, jusqu'à présent, le nombre presque infini de couleurs composées, formant la suite immense des gris ou des bruns participant, plus ou moins, des couleurs premières, a été fait, sans aucune règle, par le seul tatonnement et l'habitude des teinturiers. Ils n'ont d'autre guide que leur routine qui conduit, *à peu près, ceux qui ont beaucoup d'habitude ;* mais il arrive souvent, même aux plus expérimentés, de manquer absolument le ton de couleur qu'ils ont à faire, et alors, ils n'ont d'autre ressource que de multiplier les tatonnements, en employant souvent un grand nombre d'ingrédiens colorans, de tout genre, ceux du plus mauvais teint aussi bien que les plus solides ; tout leur est propre,

sir du roi, privilégié de M. le duc de Bourgogne, à la manufacture royale des ouvrages de la couronne aux Gobelins.

(1) Ces avances, commencées en 1774, montaient à la fin de l'année 1777 à la somme de 21,507#.

pourvu qu'ils parviennent à bien rendre le ton de couleur qui leur est demandé. Les recherches de M. Neilson ont toutes pour but de trouver les moyens d'assurer la nombreuse suite de couleurs composées qui sont nécessaires au travail des tapisseries, de les rendre capables de conserver, malgré l'action de l'air, l'analogie et la gradation qu'elles doivent avoir entre elles, et enfin de déterminer d'une manière constante, les procédés de teinture par lesquels on peut parvenir, à coup sûr, et sans tatonnement, à teindre la laine et la soye de toutes les couleurs composées et les tons rompus qui s'emploient dans les tapisseries.

« Le plan que MM. Neilson et Quemiset ont suivi, dans ces recherches, déjà fort avancées, étoit *le seul* dans lequel on pût espérer de réussir. Ils ont commencé par mettre en très-bel ordre, dans un grand registre, la suite très-nombreuse de toutes les couleurs simples et composées qu'ils vouloient exécuter ; ils ont ensuite observé et déterminé, avec attention, le nombre et l'intensité de chacune des couleurs simples dont le mélange étoit nécessaire pour produire chacune des couleurs composées et ont conservé des échantillons de ces couleurs principes ou premières dont resultoit la couleur mixte, en sorte que par la seule inspection de ces couleurs constituantes et de leur produit, on a sous les yeux ce qu'on peut regarder comme la dissection, l'anatomie, ou plustôt l'analise des couleurs composées. Ces procédés pour obtenir toutes ces teintes étant d'ailleurs bien constatés et inscrits en bon ordre dans les registres de MM. Neilson, sous les n^os^ de chaque teinte (1), il est évident qu'il n'y en a aucune qu'on ne puisse exé-

(1) Ces teintes, fixées sur laine, formaient un *tableau coloré* de plus de mille corps de nuances méthodiquement disposés sur papier grand raisin (depuis soixante ans environ ce tableau n'existe plus à la manufacture).

cuter, d'après ces registres, sans tatonnement et sans courir le moindre risque de la manquer, en ajoutant à cela que la pluspart des couleurs essentielles étant rendues plus solides par les nouveaux procédés de MM. Neilson et Quemiset, qu'elles ne le sont par les anciens, comme on le voit par les résultats de nos épreuves, *on peut dire que leur travail est le plus beau, le plus étendu et le plus nécessaire qu'on ait encore fait dans l'art de la teinture.* Il est même si essentiel, en particulier, pour la manufacture des Gobelins, qu'il est étonnant et fâcheux qu'on n'ait point pensé à l'entreprendre dès le commencement de son établissement. Nous croyons devoir conclure de ces faits et de ces considérations qu'il est de la plus grande importance que ce travail soit continué et suivi avec tout le soin qu'il mérite.... »

A la suite de ce rapport, M. d'Angiviller accorda au Sr Quemiset un traitement de 1,000# et une gratification de 2,400# (1). Neilson dut se contenter du remboursement de ses avances, représentant d'ailleurs le prix de 3,291 livres de laines teintes qu'il livra au magasin du Roi.

Une telle rémunération pour des travaux suivis, pendant plus de quatre ans, avec tant de zèle et d'un résultat aussi manifestement utile, ne pouvait attacher un homme du talent et du caractère de Quemiset; il quitta la manufacture en 1783, emportant avec lui le secret de la plupart de ses procédés. Son tableau coloré existait encore au complet en 1795; un rapport de cette époque (5 février 1795) à la commission d'agriculture et des arts, par le Sr Augustin Belle, alors directeur de la manufacture des Gobelins, contient ce passage : « ... ... le tableau coloré de Quemiset pourrait devenir utile à la manufacture si l'on trouve la clef des procédés de

(1) Cette gratification ne mit pas même Quemiset en mesure de se libérer envers Neilson, à qui il devait 3,400#.

Quemiset. La commission jugera où il peut être le plus avantageusement placé pour le progrès des sciences et le bien général ; d'ailleurs, il peut être divisé sans cesser d'être complet, étant *double* dans toutes les dissections des couleurs qui le composent, même triple dans le plus grand nombre. Quant au manuscrit, il peut être copié ; il était resté dans les mains du citoyen Darcet (1), qui travaillait à trouver la clef desdits procédés, ce dont il s'occupe encore en ce moment, tant pour sa propre satisfaction que pour l'avantage général. Il serait avantageux que la commission fît faire des recherches pour trouver les cahiers contenant les procédés de teinture (sur la soie), par Quemiset, qui les remit au ministre du commerce..... »

La commission d'agriculture pria le citoyen Darcet de lui remettre, à elle-même, le manuscrit de Quemiset. L'ordre adressé à ce savant est daté du 3 germinal, an III (23 mars 1795), et ainsi conçu : « ..... quand au manuscrit sur les procédés du citoyen Kemiset (*sic*), autrefois employé aux Gobelins, nous te prions de nous le remettre..... » Depuis cette époque, nulle trace du manuscrit ; peut-être se retrouvera-t-il, un jour, dans quelque dépôt public ?..... Le tableau coloré eut un sort peut-être encore plus triste : en 1824, lors de l'entrée en fonctions de M. Chevreul, directeur actuel des teintures des Gobelins, il n'en restait que des débris à peine reconnaissables. Le défaut d'intérêt de cette œuvre, isolée de la description dont elle était le complément, fut sans doute la cause immédiate d'un aussi déplorable abandon. Quoi qu'il en soit, il faut reconnaître qu'un traitement un peu plus libéral envers les auteurs de ce grand travail les eût sans doute déterminés à l'achever, et que le résultat en eût été plus profitable pour les progrès de

(1) Darcet père, inspecteur de l'atelier de teinture, de 1787 à 1792.

la teinture en général et pour la perfection des teintures des Gobelins, en particulier.

Trois ans après l'examen de ses travaux par M. Macquer, Neilson pria le directeur général de le remplacer dans ses fonctions de directeur des teintures, proposition qui ne fut acceptée qu'en 1784. Audran (1), l'un des collègues de Neilson, fut chargé de diriger l'atelier de teinture, sous l'inspection du chimiste Cornette.

A cette époque la situation des trois entrepreneurs, encore existants aux Gobelins, était des plus tristes; Neilson avait vu sa fortune se fondre dans les avances excessives qu'il avait dû faire pour la teinture, depuis 1773; Audran était complétement ruiné; aussi tous demandaient-ils à échanger leurs bénéfices comme entrepreneurs, contre de simples honoraires.

De leur côté, les ouvriers, constamment débiteurs de leurs maîtres, se plaignaient d'être réduits à la plus dure des conditions et de n'avoir en perspective, pour leurs vieux jours, que les murs d'un hôpital; plaintes qui prirent un caractère de vivacité et de violence lorsque M. Pierre, premier peintre du roi, dans sa première visite aux Gobelins, comme directeur, le 10 janvier 1782, les eut invités à formuler leurs griefs par écrit, pour les mettre sous les yeux du directeur général.

Mais, sous le régime de la tâche, il était difficile d'établir un rapport exact entre la rémunération et les diverses natures de travaux qui, d'ailleurs, allaient toujours en se compliquant; « .... malgré les prix supérieurs des ouvrages difficiles, un ouvrier mis sur un ouvrage commun gagnait une forte semaine, tandis que l'ouvrier de tête n'en gagnait qu'une très-faible. (2) »

(1) Fils de Michel Audran, entrepreneur des Gobelins, de 1733 à 1771, et petit-fils de Jean Audran, graveur du roi, mort aux Gobelins, le 17 juin 1756, à l'âge de 89 ans.

(2) Extrait d'un rapport de M. de Montucla au directeur général (août 1788).

De là une tentation, presque toujours irrésistible, de « ... hâter l'ouvrage aux dépens de la perfection... » L'entrepreneur, de son côté, ne faisait pas volontiers recommencer la besogne mal faite parce qu'il n'avait rien à prétendre sur la portion de tapisserie détruite; ainsi tous avaient un égal et puissant intérêt à fabriquer vite et à ne point perfectionner. L'unique parti à prendre était de mettre les uns et les autres à *solde fixe*. Ce nouveau mode de paiement ne fut cependant adopté (23 décembre 1790) qu'après de longues hésitations et sur la proposition qui en fut faite au directeur général par M. Guillaumot (1), successeur de M. Pierre (2).

La manufacture de la Savonnerie fut mise sous le même régime. Elle ne comptait alors que vingt ouvriers et six apprentis dirigés par l'entrepreneur Duvivier (Nicolas-Cyprien) (3).

Il s'y fabriquait annuellement un peu plus de cent

(1) Charles-Axel Guillaumot, né à Stockholm, en 1730, de parents français, membre de l'académie d'architecture, intendant général des bâtiments du roi, auteur des casernes de Saint-Denis, Rueil, Courbevoie, Joigny et d'immenses travaux de consolidation du ciel des Catacombes, ou carrières sous Paris, entrepris en 1777, nommé directeur des Gobelins et de la Savonnerie, en avril 1789.

(2) On partagea les artistes tapissiers en quatre classes, d'après leurs talents divers; ceux des classes inférieures ayant l'expectative de monter aux classes supérieures en augmentant de talent.... « Ce régime produit moins d'ouvrages; mais le travail est plus parfait, puisque aucun motif d'intérêt ne porte le fabricant à mal faire pour produire davantage; et c'est la perfection qu'on doit rechercher dans cet établissement, sans quoi *il est inutile de le conserver*.... » (Guillaumot, *Notice sur la manufacture des Gobelins*, p. 21.)

Il y avait à cette époque, aux Gobelins, cent seize ouvriers et dix-huit apprentis.

(3) La fabrication, à partir de Philippe Lourdet, avait été successivement entre les mains de la veuve Lourdet, de Louis du Pont, petit-fils du premier entrepreneur, de M. de Noinville, et de M. Duvivier père.

aunes carrées de tapisseries, livrées au roi à raison de 600# l'une. Les plus habiles ouvriers gagnaient de 15 à 18# par semaine, et les plus faibles de 6 à 7#.

« ... Ces deux extrêmes, dit M. Duvivier, dans un mémoire adressé à M. Pierre en 1782, sont, comme partout, la plus petite quantité. Il est aisé de juger que le général gagne, entre 10 et 15#. Tout ouvrage leur est payé indifféremment, c'est-à-dire qu'ils font tous ornements, fleurs, fruits et animaux. L'entrepreneur accorde des gratifications, pour fruits et animaux, comme sujets demandant des soins particuliers; il y a des pièces extraordinaires qui se payent à la journée, vu leurs difficultés.

« L'entrepreneur a cru devoir aussi se gêner un peu pour payer les ouvriers âgés à la journée, vu la faiblesse de leur vue et de leurs facultés. Les ouvriers n'ont aucune espèce de charge ni avance à faire... (Les travaux s'exécutent) d'après des tableaux ou modèles, tant anciens que modernes, faits par MM. Fontenai, Perault, Gravelot, Oudry, Audran et Desportes, et aujourd'hui M. Bellanger. »

Parmi les travaux de tapisserie exécutés aux Gobelins de 1750 à 1791, nous citerons :

Deux tentures, d'après Boucher, 1° Neptune et Amimone, Venus aux forges de Vulcain, Vertumne et Pomone, l'Aurore et Céphale, Venus sur les eaux ; 2° la pêche, la diseuse de bonne aventure, Psyché et l'Amour, Aminthe et Sylvie, les confidences ou le secret; et plusieurs compositions isolées représentant des amours, des jeux d'enfants, les génies des arts, etc.

Une tenture, d'après Amédée Van Loo, dit Van Loo de Prusse, le déjeuner de la sultane, la toilette de la sultane, le travail dans l'intérieur du sérail, la danse devant la sultane et plusieurs œuvres isolées.

Deux tentures d'après Jeanrat; l'une en sept pièces, de l'histoire de Daphnis et Chloë; l'autre, en quatre pièces, représentant des fêtes de village; les modèles de ces tentures avaient été exécutés d'après les commandes particulières de l'entrepreneur Audran.

Une tenture, d'après Pierre et Vien, dite *des Amours des dieux;* l'enlèvement d'Europe par Jupiter; Aglaure métamorphosée par Mercure en statue de pierre; l'enlèvement de Proserpine par Pluton (cette dernière tapisserie d'après Vien).

Deux tentures, dites de l'Histoire de France;

L'une en cinq pièces, d'après Vincent : Sully aux pieds de Henri IV; Henri IV prenant congé de Gabrielle d'Estrées; évanouissement de la belle Gabrielle; Henri IV soupant chez le meunier Michaut; Henri IV faisant entrer des vivres dans Paris.

La seconde en huit pièces : Le siége de Calais, d'après Barthélemy; la reprise de Paris, par le connétable de Richemond, sous Charles VII, d'après le même; Marcel, prévôt de Paris, tué d'un coup de hache par Maillard au moment où il va livrer les clefs de la ville au roi de Navarre, d'après le même; la mort de Coligny, d'après Suvée; honneurs rendus par les ennemis au connétable Ducuesclin, après sa mort, d'après Brenet; la continence de Bayard, d'après du Rameau; mort de Léonard de Vinci, d'après Menageot.

Les tapisseries qu'il nous a été donné de voir, de cette époque, tout en attestant quelque progrès sur celles de la période précédente, ont subi de profondes altérations dans leur coloris, imperfections que l'ancien mode de teinture et de combinaison des couleurs dans le tissu rendait à peu près inévitables. Ces imperfections devaient disparaître dans la *troisième époque de l'art des tapisseries*, époque inaugurée, le 28 décembre 1790, par la suppression du travail *à la tâche.*

CHAPITRE QUATRIÈME.

Travaux des manufactures des Gobelins et de la Savonnerie de 1791 à 1800, et pendant la première moitié du dix-neuvième siècle.

Les dix dernières années du dix-huitième siècle ne peuvent compter dans les développements artistiques de ces manufactures : il fut alors moins question de perfectionner que d'exister ; on se demande même, avec étonnement, comment, au milieu de telles agitations, ces précieux monuments de l'industrie nationale ont pu être conservés à la France et aux arts (1) ?

Lorsque la loi du 29 novembre 1792 eut séparé les manufactures royales de l'administration des domaines de la liste civile, le ministre Roland, chargé de rendre compte de leur situation, fit entrevoir la possibilité de les faire marcher avec le concours de l'industrie privée, et ce fut ainsi qu'il obtint quelques secours provisoires *pour les six premiers mois de* 1793.

« .... Pour tirer de ces deux manufactures le parti le plus avantageux, il est une mesure à prendre dont je

(1) Dans son journal (*l'Ami du peuple*, 17 août 1790), Marat disait : « .... On n'a nulle idée chez l'étranger d'établissements relatifs aux beaux-arts, ou plutôt de manufactures à la charge de l'État ; l'honneur de cette invention était réservé à la France. Telles sont, dans le nombre, les manufactures de Sèvres et des Gobelins : la première coûte au public plus de deux cent mille francs annuellement, pour quelques services de porcelaine dont le roi fait présent aux ambassadeurs ; la seconde coûte cent mille écus annuellement, on ne sait trop pourquoi, si ce n'est pour enrichir des fripons et des intrigants. On y entretient, d'ordinaire, vingt-cinq ouvriers qui emploient au total douze livres de soie au travail d'une tapisserie qui est quelquefois quinze ans sur le métier... »

crois le succès certain; c'est d'y en réunir une troisième, dans le même genre, mais plus commune, telle, par exemple, que celle de Beauvais ou d'Aubusson.... à qui elle prêtera sa réputation; quelque chose même de son goût et de sa perfection, et qui, en échange, lui rendra sur le bénéfice particulier à celle-ci l'aliment que la première ne pourrait pas tirer de son propre fonds.... Tout est possible à l'intérêt particulier, et c'est lui qu'il faut exciter en l'associant à tout dans les nouvelles mesures à prendre.... Une révolution commune à faire subir à ces établissements serait de les soumettre, s'il est possible, à une régie intéressée. La base première d'un tel système serait d'associer, non-seulement l'entrepreneur en chef, mais les sous-ordres, mais jusqu'aux derniers ouvriers mêmes, aux pertes comme aux bénéfices de l'entreprise commune. Il suffirait, par exemple, pour remplir ce but, à l'égard de ces ouvriers, de les mettre constamment à la tâche ou à la pièce, dans les trois manufactures (Sèvres, les Gobelins, la Savonnerie), comme je l'ai décidé pour les Gobelins, et de joindre aux prix qui leur seraient alloués une prime proportionnée à la masse des ventes dont le registre serait ouvert à tous (1).... »

Pour accomplir cette réforme industrielle, M. Roland, dès le 4 septembre 1792, avait renvoyé, *comme inutiles*, les trois peintres attachés à la manufacture des Gobelins (2), le chimiste inspecteur de l'atelier de teinture; il avait fermé l'école de dessin et remplacé le directeur Guillaumot par Audran (3), l'un des trois entrepre-

(1) Extrait du rapport de M. Roland à la Convention nationale (6 janvier 1793).

(2) Le sur-inspecteur Belle, l'inspecteur Peyron et le peintre de fleurs Malaine.

(3) Audran se recommandait à l'attention du ministre par quarante ans de travail dans la manufacture et par les détails qu'il avait

neurs (1).... Mais il n'eut pas le temps de pousser plus loin l'application de ses idées, que son successeur, Paré, a parfaitement caractérisées en quelques mots :

« .... Il ne faut pas se dissimuler que ces établissements, originairement consacrés au luxe et à une magnificence fastueuse, pourraient difficilement se prêter, par la nature même de leurs objets, à des spéculations commerciales. Différentes vues ont été présentées pour utiliser ces manufactures ; *toutes m'ont paru ne tendre qu'à leur destruction;* fabriquez, disait-on, des tapisseries dont le prix diminue, par le rétrécissement des dimensions, par l'économie dans le choix des sujets, dans les richesses d'exécution, et auquel les maisons et les fortunes ordinaires puissent atteindre ; faites, disait-on encore, des porcelaines moins parfaites, moins riches en ornements, faites de la porcelaine commune, faites des imitations de la terre anglaise.... *C'était substituer les tapisseries d'Aubusson aux tapisseries des Gobelins, et convertir la manufacture de porcelaine de Sèvres en une manufacture de faïence.* Je pense qu'il faut que les deux manufactures *restent ce qu'elles sont;* mais en diminuer, s'il est nécessaire, les fabrications, ou du moins les proportionner aux diverses commandes qui pourraient en être faites, ou au débit qu'on aura lieu d'en attendre.

fournis quelques années auparavant aux rédacteurs de l'*Encyclopédie,* sur la teinture des laines et des soies employées dans la fabrication des tapisseries.

(1) A cette même époque, les ateliers autres que ceux de tapisseries qui n'étaient plus occupés que par un très-petit nombre d'orfévres, horlogers, ébénistes et menuisiers furent supprimés. Un état des *orfévres et autres* gagnant maîtrise dans la manufacture des Gobelins, pour l'année 1784, donne les noms de trois maîtres et de *huit apprentis du roi* en orfévrerie, de deux maîtres et d'un apprenti en horlogerie, d'un compagnon et d'un apprenti en ébénisterie et d'un apprenti en menuiserie, employés et, pour la plupart, logés dans la manufacture des Gobelins.

« Je me permettrai aussi de penser qu'il serait inconvenable, sous plusieurs rapports, de diminuer le nombre des ouvriers actuellement employés à vos trois manufactures ; ce serait d'abord ôter le pain à cinq ou six cents ouvriers, la plupart chargés de famille.... Étrangers à tout autre talent et hors d'état, par conséquent, de se procurer d'autres moyens de subsistance... ce serait, en outre, intercepter la tradition ou la succession des talents rares et précieux qui y sont mis en œuvre (1)... »

Le directeur Audran, après moins d'un an d'exercice de ses fonctions, soupçonné d'*incivisme,* dénoncé à la section dite du Finistère, fut arrêté et subit à Sainte-Pélagie une détention de dix mois. Bien qu'il n'y eût contre lui d'autres charges que de vagues accusations, le ministre crut devoir (le 13 novembre 1793) prononcer sa destitution et le remplacer par le peintre Augustin Belle, fils de l'ancien sur-inspecteur.

Ardent républicain, A. Belle ne se montrait qu'en carmagnole ; sur sa porte, il avait écrit : « ICI ON SE TUTOYE ! » Quelques jours après sa nomination, le 22 novembre 1793, il demanda au ministre de l'intérieur l'autorisation de brûler, au pied de l'arbre de la liberté qui devait être érigé dans la cour de la manufacture, le décadi 10 frimaire, en l'honneur des martyrs de la liberté Marat et Lepelletier, certaines tapisseries parsemées « de fleurs de lis, de chiffres et d'armes ci-devant de France (2). »

Le ministre accorde cette autorisation.

(1) Lettre du ministre Paré, nivôse an II (janvier 1794), au représentant Gillet, chargé par le comité des finances de la convention de faire des recherches sur l'administration des bâtiments.

(2) Cette proposition insensée, l'exécution sauvage qui en fut la suite, le fanatisme d'Augustin Belle, nous semblent s'atténuer devant un trait honorable que nous sommes heureux de publier : après le décès de M. Belle père, arrivé le 29 septembre 1806, M. Mollien,

Le 29 novembre 1793, une députation du personnel de la manufacture se présente à la barre de la convention nationale : ici, nous laissons parler le procès-verbal. (Séance du 9 frimaire, an II.)

« ..... Les employés et artistes ouvriers de la manufacture nationale des tapisseries, dite des Gobelins, viennent jurer à la convention nationale de n'employer désormais leurs talents qu'à transmettre à la postérité les images des héros et martyrs de la liberté, ainsi que les actions mémorables des Français régénérés et républicains : ils annoncent que demain décadi, 10 frimaire, 9 heures du matin, ils doivent célébrer une fête en l'honneur des martyrs de la liberté, Lepelletier, Marat, Bauvais, Préau, Pierre Bayle et Chalier, et invitent la convention à y assister par une députation.

« La convention nationale nomme, pour cette députation, les représentants du peuple Dupuys et Boucher. »

Le 30 novembre 1793, la tenture dite de la chancellerie, la tapisserie représentant la visite de Louis XIV aux Gobelins et plusieurs portières sont brûlées, en cérémonie, au pied de l'arbre de la liberté.

Le 10 mai 1794, la convention nationale décrète que « les tableaux qui, d'après le jugement du jury des arts, auront obtenu les récompenses nationales, seront exécutés en tapisserie à la manufacture des Gobelins; et qu'il sera fait incessamment, sous la surveillance de

ministre des finances, écrivit à M. Daru, intendant général de la maison de l'empereur :

« ...... C'est principalement à M. Belle fils que je dois le salut de ma vie sous la terreur; il a surtout contribué à me faire survivre aux malheureux fermiers généraux avec lesquels j'étais détenu. Cette déclaration vous donne la mesure du service que vous me rendrez en faisant pour M. Belle fils ce qui peut, jusqu'à un certain point, n'être qu'une justice, et cette justice sera pour moi un très-grand bienfait; j'attacherai le plus grand prix à ce témoignage de votre amitié (la nomination d'Augustin Belle à la place de son père).

David, des copies soignées des deux tableaux de *Marat* et *Lepelletier* (1), pour être remises à cette manufacture et y être exécutées. »

Le 24 mai 1794, les manufactures des Gobelins, de Sèvres, de la Savonnerie, de Beauvais et les établissements ruraux de Rambouillet sont placés, par arrêté du comité de salut public, sous la surveillance et la direction de la commission dite de l'agriculture et des arts.

Le 17 juillet 1794, arrêté du comité de salut public instituant un jury d'artistes (2) pour examiner les tableaux existant aux manufactures nationales des Gobelins et de la Savonnerie, déterminer ceux qui, à raison de leur perfection, méritent d'être exécutés par les artistes des manufactures, exclure tous ceux qui présentent des emblèmes ou des sujets incompatibles avec les idées et les mœurs républicaines, et procéder au classement des ouvriers des manufactures nationales.

Le 10 septembre 1794, le jury des arts se transporte aux Gobelins et commence l'examen des tapisseries sur le métier. Il termine son travail en seize séances (du 10 au 25 septembre 1794); douze tapisseries en cours d'exécution sont supprimées comme présentant des sujets incompatibles avec les idées républicaines (3). Parmi

(1) Marat y était représenté *dans le moment où, ayant reçu le coup de poignard dans la baignoire, le sang s'échappait à grands flots de sa blessure*. Michel Lepelletier, tué par le garde du corps Pâris, était représenté *couché sur son lit de mort; le glaive ensanglanté qui était encore dans sa blessure traversait un papier sur lequel on lisait ces mots : « Je vote pour la mort du roi. »* (Ces deux tableaux, malgré le décret ci-dessus, n'ont pas été reproduits en tapisserie.)

(2) Prudhon, Ducreux, Percier, architecte, Bitaubé, homme de lettres, Moette, Legouvé, homme de lettres, Monvel, acteur et homme de lettres, Vincent, peintre d'histoire, Belle, directeur des Gobelins, Duvivier, directeur de la Savonnerie; nommés par arrêté du comité de salut public du 20 août 1794.

(3) Les procès-verbaux du jury s'expriment ainsi au sujet de quel-

celles que l'on conserve, certaines modifications ayant pour but de faire disparaître des emblèmes de la royauté sont introduites (1); sur trois cent vingt et un modèles ou tableaux existant dans la collection de la manufacture, cent vingt sont éliminés comme anti-républicains, fanatiques ou immoraux (2), cent trente-six rejetés sous le

ques-unes de ces tapisseries : « *Le Siége de Calais*, par Berthelemi; sujet regardé comme contraire aux idées républicaines; le pardon accordé aux bourgeois de Calais ne leur étant octroyé que par un tyran, pardon qui ne lui est arraché que par les larmes et les supplications d'une reine et du fils d'un despote; rejeté. En conséquence, la tapisserie sera arrêtée dans son exécution.

« *Héliodore chassé du temple*, copie de Raphaël, par Noël Nallé; sujet consacrant les idées de l'erreur et du fanatisme; d'ailleurs copie très-défectueuse d'un superbe original, et conséquemment à rejeter; la tapisserie sera discontinuée. »

(1) « *La robe empoisonnée*, par de Troy; rejeté comme présentant un sujet contraire aux mœurs républicaines; mais la tapisserie, étant presque achevée, sera terminée avec la suppression des deux diadèmes qui sont sur la tête de Créuse et de son père. »

« *Jason domptant les taureaux*, par de Troy. Le sujet est rejeté comme contraire aux idées républicaines; la tapisserie étant faite à moitié, sera terminée à la longueur de quatorze pieds, un peu au delà de la figure de Jason déjà faite, et, par ce moyen, elle offrira un ensemble, sans présenter les personnages de Médée et du roi son père, qui blesseraient les yeux d'un républicain. »

(2) « *Méléagre entouré de sa famille qui le supplie de prendre les armes pour repousser les ennemis prêts à se rendre maîtres de la ville de Calydon;* tableau dont le sujet ne paraît pas compatible avec les idées républicaines, relativement au sentiment qui dirige Méléagre, lequel est sur le point de sacrifier sa patrie à l'esprit de vengeance dont il est animé, et qui, près de voir son palais réduit en cendres, se rend moins à l'amour de son pays qu'à son intérêt personnel; conséquemment tableau à rejeter.

« *Mathatias tuant des impies*, par Lépicié; sujet fanatique, tableau rejeté.

« *La veuve du Malabar*, par Lagrenée l'aîné; sujet rejeté comme présentant des idées atroces.

« *Cléopâtre au tombeau de Marc Antoine*, par Ménageot, sujet rejeté comme immoral,

rapport de l'art, quarante-cinq regardés comme hors de service, ainsi qu'une multitude de bordures et de fragments; enfin vingt tableaux trouvent grâce devant le rigorisme du jury (1).

Cet immense holocauste aux idées du temps ainsi accompli, le jury des arts se transporte à la Savonnerie et rejette tous les modèles, les uns parce qu'ils sont usés, et le plus grand nombre parce qu'ils contiennent des emblèmes anti-républicains; par exception, cependant, deux tableaux de Malaine, « représentant des fleurs sur un fond mordoré, » sont conservés.

Le 3 octobre 1794, le jury des arts arrête le programme d'un concours pour la création de modèles propres à la manufacture de la Savonnerie; les peintres ou décorateurs qui voudront concourir sont invités « à suivre, dans leurs compositions, le bon goût et le beau style antiques dont l'architecture et tous les arts se rapprochent en général. De plus, comme le mécanisme des travaux de la Savonnerie consiste en meubles de divers genres, tels que banquettes, canapés, chaises, fauteuils, tabourets, paravents, portières, écrans, tapis dans le genre des mosaïques antiques, et dont les formes et mesures différentes comportent différents procédés, ne permet pas l'exécution des détails minutieux, les artistes auront soin de ne proposer, dans leurs projets, que des formes prononcées et d'un goût simple et grand, et de n'y point mêler des figures humaines qu'il serait révoltant de fouler aux pieds dans un gouvernement où l'homme est rappelé à sa dignité, ne comprenant toutefois, dans cette acception, aucune espèce de chimères, telles que centaures, tritons et autres monstres. »

« *Polyxène arrachée des bras de sa mère*, par Ménageot, sujet à rejeter, d'après les personnages qu'il retrace et les idées antirépublicaines qu'il rappelle. »

(1) Ou plutôt de la Convention dont les instructions étaient précises.

Les objets mis au concours sont :

Des tapis, des portières, paravents et banquettes de diverses formes et grandeurs; des tabourets, canapés, bergères à côtés pleins, fauteuils, chaises, écrans dans les dimensions généralement reçues...

Les dessins seront peints ou coloriés...

Le 6 octobre 1794, le jury des arts détermine les conditions d'un concours pour fournir des modèles à la manufacture des Gobelins...

« .... Pour les sujets historiques, il recommande aux artistes de s'inspirer, avant tout, des grandes scènes de la révolution française, des actions héroïques des guerriers qui, depuis 1789, ont combattu pour le salut de la patrie... Il faut rappeler à nos descendants tous les actes de vertu qui, parmi nous, et chez les nations anciennes et modernes, ont honoré l'humanité; égayer l'imagination par des sujets agréables, puisés dans la Fable et dans les poëmes qui, depuis tant de siècles, sont en possession de notre estime; couvrir une vérité utile du voile ingénieux de l'allégorie, charmer les yeux, plaire à l'esprit et l'instruire; respecter les mœurs et la sévérité des principes républicains.

« Voilà ce qui doit animer les artistes qui voudront consacrer leur talent à la régénération de cet établissement qui, sous tous les rapports, réunit l'utilité, l'agrément et la magnificence. »

Ce concours n'eut aucun résultat.

Le 27 juillet 1794, exécution du tapissier haut-lissier Mangelschot, âgé de trente ans, officier de la garde nationale, arrêté quelque temps auparavant pour avoir, dans un club, interrompu par une simple observation (1) le discours véhément d'un conventionnel.

(1) « *Mais pour qui et contre qui cette levée en masse?...* » Des amis officieux, pour le rendre plus tôt à sa famille et à la liberté, avaient hâté sa mise en jugement; mais, contre leur espoir, il fut

Le 18 août 1794, arrêté du comité de salut public qui remet en activité l'atelier de teinture de la manufacture des Gobelins. Le teinturier Galley est placé à la tête de cet atelier (8 novembre 1794).

Le 25 septembre 1794, M. Duvivier, ancien entrepreneur de la Savonnerie, est chargé de diriger cet établissement.

Le 14 avril 1795, arrêté du comité d'agriculture et des arts, qui rétablit Audran dans les fonctions de directeur des Gobelins.

Le 7 juin, le peintre Belle (Clément-Louis), ancien inspecteur des travaux d'art et professeur de l'école de dessin, est rétabli dans ces fonctions.

Le 20 juin, mort du directeur Audran.

Le 29 juin, il est remplacé par l'ancien directeur Guillaumot.

Le 20 août, pétition des ouvriers de la manufacture des Gobelins à la commission d'agriculture et des arts, réclamant une augmentation de traitement; le prix de tous les objets de consommation, disent-ils, est augmenté dans d'effrayantes proportions : le pain coûte de douze à seize sous la livre, la viande vaut de huit à dix francs la livre, un boisseau de pommes de terre, vingt-quatre à trente francs (il a valu jusqu'à quarante-huit francs), une chemise coûte deux cents francs, un chapeau, cent cinquante, une paire de souliers, cent à cent trente francs,

condamné. Le jour même où Mangelschôt périssait sur l'échafaud, Robespierre était mis hors la loi.

Deux ans auparavant, la manufacture des Gobelins avait payé, une première fois, le tribut du sang à la révolution, dans la personne de l'aumônier, M. de La Frenée, emprisonné et massacré avec un grand nombre de prêtres.

Enfin, le 2 septembre 1792, le portier de la maison, Suisse d'origine, Marcuet, dit Fribourg, était devenu fou, en voyant l'un des septembriseurs de Bicêtre et de la Salpêtrière s'apprêter à le tuer.

une voie de bois de quatre à cinq cents francs. Le prix de tous ces objets est, en général, décuplé, le traitement des ouvriers de la manufacture devrait donc être augmenté dans cette proportion; cependant il n'est que triplé, ce qui les met dans la plus grande détresse. Les ouvriers du dehors sont beaucoup mieux traités; les simples manœuvres employés dans les carrières gagnent quinze francs par jour; les Limousins, dix-huit francs; les carriers, vingt et un francs; les commis vingt-quatre francs. »

La commission d'agriculture, reconnaissant la justesse de ces observations, propose, et le comité d'agriculture, par arrêté du 5 septembre 1795, accorde un nouveau supplément de cinq francs qui, ajouté aux précédents, porte le traitement total des ouvriers des manufactures des Gobelins et de la Savonnerie à :

20 fr. 33 c. par jour pour la première classe;
19 fr. *idem* pour la seconde classe;
17 fr. 66 c. *idem* pour la troisième classe;
16 fr. 33 c. *idem* pour la quatrième classe.

Le 23 octobre 1795, arrêté du comité de salut public qui accorde une livre de pain et une demi-livre de viande par personne et par jour. Cette prestation est fournie pendant un an.

Toutes ces augmentations ne remédient qu'imparfaitement au mal : la dépréciation croissante du papier-monnaie, l'irrégularité des payements, plongent le personnel des manufactures dans une profonde détresse (1),

(1) Une pétition des ouvriers de la manufacture des Gobelins, du 15 août 1797, au ministère de l'intérieur, expose qu'il leur est dû plus de *quatre mois*, qu'ils ont tout vendu, jusqu'à leurs draps de lit, pour subsister, qu'ils n'ont plus aucun crédit, même chez les boulangers, et ne peuvent s'acquitter avec aucun de leurs fournisseurs; que la distribution qu'on se propose de leur faire du *sixième* d'un mois ne peut leur être d'aucune utilité, la somme étant trop

une partie des artistes-ouvriers change momentanément de profession ; quelques-uns se rendent à l'armée (1) et y trouvent une mort glorieuse ; le gouvernement vend à vil prix, pour acheter du blé ou pour payer les fournisseurs des prestations en nature, une quantité considérable de tapis de la Savonnerie et de tapisseries des Gobelins.

Le 3 décembre 1800, les élèves ou apprentis supprimés par M. Roland, sont rétablis : huit fils de maîtres, dont six en haute lisse et deux en basse lisse, prennent place dans les ateliers.

Le 6 mai 1803, sur la proposition du cardinal-archevêque de Paris, le premier consul rétablit le culte dans la chapelle des Gobelins, et nomme pour aumônier de cette maison M. Pioret, ancien prieur, doyen de Saint-Jean de Dijon.

Le 27 septembre 1803, M. Roard, professeur de phy-

modique pour payer un seul de leurs engagements ; ils se bornent à demander au Directoire exécutif de leur payer au moins la moitié de ce qui leur est dû.

Une pétition des mêmes (3 septembre 1797) s'exprime ainsi :

« Citoyen ministre, nous venons de nouveau vous exposer notre misère ; la trésorerie nationale n'effectue aucun des paiements que vous ordonnancez à notre profit ; sur cent trente-cinq jours de salaire qui nous sont dus, nous n'avons reçu qu'un à-compte de *cinq jours* ; sans pain, sans vêtements, sans crédit, il nous est impossible d'exister ; nous sommes au désespoir ; nous vous prions de nous donner les moyens d'exister ailleurs, si vous ne pouvez nous faire exister ici. »

« Salut et respect. » (Suivent quarante-six signatures.)

Le chef de division de la comptabilité à qui la pétition est renvoyée répond « que le ministre n'a aucun moyen dont il puisse faire usage, auprès de la trésorerie nationale, pour accélérer le paiement de ce qui est dû aux ouvriers… »

(1) Quinze ouvriers de la manufacture des Gobelins s'étaient enrôlés dès le commencement de la guerre ; le personnel beaucoup moins nombreux de la manufacture de la Savonnerie fournit aussi son contingent à la défense du territoire.

sique et de chimie à l'école centrale du département de l'Oise, est nommé directeur des teintures aux manufactures nationales des Gobelins, de la Savonnerie et de Beauvais.

De 1804 à 1848, ces manufactures font partie de la dotation de la couronne et ne fabriquent plus que pour le compte du chef de l'État. Par l'activité imprimée aux travaux, la période impériale est l'une des plus remarquables de leur histoire : les plus petits détails de l'administration de ces établissements passaient sous les yeux de Napoléon, dont la sollicitude est attestée d'ailleurs par un grand nombre d'ordres datés pour la plupart des capitales conquises et de lointains champs de bataille. Sous l'action de cette volonté, aussi ferme que bienveillante, fidèlement transmise à tous les degrés de la hiérarchie administrative, le feu sacré se rallume où tout était naguère désordre, ruine et découragement.

« Sa Majesté, écrit le comte Daru, intendant général de la maison de l'empereur, à M. Guillaumot, le 21 thermidor an 13 (9 août 1805), est dans l'intention de meubler son palais avec la magnificence qui convient à l'empereur des français; la perfection où les arts sont portés en France, permet de mettre dans cet ameublement un luxe noble et qu'aucun autre souverain ne pourrait égaler (1); la manufacture des Gobelins que vous dirigez avec tant de zèle (2) doit lui en fournir les moyens : les

(1) On trouve, dans toutes les parties du monde, des peintres, des sculpteurs, des architectes, des décorateurs plus ou moins habiles; la France a seule le privilége de créer d'admirables tentures de tapisserie.

(2) M. Guillaumot fut, en effet, l'un des plus habiles et des plus zélés directeurs de la manufacture, qui lui doit son existence pendant une longue et désastreuse période. Quelques perfectionnements introduits par lui dans les métiers de haute lisse, sont consignés dans deux rapports à l'Athénée des arts, des 27 pluviôse an IX, et 13 pluviôse an XII.

tableaux que vos ouvriers reproduisent avec une perfection inimitable seront désormais le principal ornement des maisons impériales... Sa Majesté désire que vous vous occupiez à reproduire les tableaux qui représentent des sujets pris dans l'histoire de France et particulièrement de la révolution; et comme son règne en sera l'une des époques les plus glorieuses, je ne doute pas que vous ne choisissiez pour modèles les tableaux qui retracent ou ses victoires ou ses bienfaits; c'est ainsi que les arts doivent reconnaître la protection dont Sa Majesté les honore.

« Veuillez aussi, Monsieur, m'envoyer les détails que je vous ai demandés sur vos ateliers, sur le moyen de les augmenter à l'avenir, sur les tableaux que vous faites exécuter en ce moment et sur ceux que vous vous proposez d'exécuter ensuite. J'ai eu l'honneur de vous prévenir que votre mémoire sur ces objets serait remis en original à Sa Majesté, afin qu'elle pût apprécier elle-même vos talents et votre zèle. »

L'intendant général écrit encore à M. Guillaumot, le 4 février 1806 :

« Depuis 24 heures que je suis arrivé à Paris, Monsieur, je n'ai pu avoir encore l'honneur de vous voir; mais je ne veux pas différer plus longtemps de vous entretenir d'un projet que nous avons déjà concerté, vous et moi, pour l'exécution de plusieurs grands tableaux de l'histoire moderne en tapisserie des Gobelins.

« J'ai rappelé hier à Sa Majesté le rapport que je lui avais soumis sur cet objet avant son départ; Sa Majesté a approuvé que l'exécution de ce projet fût commencée par le tableau de la peste de Jaffa, et par celui qui le représente à cheval passant le Saint-Bernard.

« Je vous prie, en conséquence, de faire les plus promptes dispositions pour commencer ces travaux... Pour mettre Sa Majesté à même d'apprécier d'avance l'effet (des tapisseries comme ameublement), il serait important de réaliser la proposition que vous avez faite de décorer la galerie de Diane des Tuileries de tableaux des Gobelins encadrés (1). Je vous prie de me dire tout de suite ce qui peut manquer pour exécuter ce projet.»

Par suite de ces ordres, la plupart des grandes compositions de l'école française de cette époque furent traduites en tapisserie (2): David, Gros, Girodet, Guérin,

(1) Cette décoration fut achevée le 7 avril 1806.

Les tapisseries impériales qui devaient la remplacer n'ayant pas été achevées, on leur a substitué d'anciennes peintures fort inférieures, comme effet, à cette décoration provisoire. L'erreur commune, causée et entretenue par la rareté actuelle des tapisseries, est de croire que la peinture peut remplacer, comme ameublement, ces précieux tissus. Pour se convaincre du contraire, il ne faut que jeter un coup d'œil, à la lueur des bougies, sur un appartement meublé à la fois de tableaux et de tapisseries. Les premiers ne présentent que de grandes surfaces noires et ténébreuses, tandis que les secondes, quelque vieilles qu'elles soient, brillent d'un incomparable éclat, d'une harmonie de couleur singulière, reposant la vue autant que la fatiguent le scintillement des dorures et le chatoiement des étoffes de soie.

(2) La visite de Napoléon aux pestiférés de Jaffa, par Gros; — Napoléon passant le Saint-Bernard, par David; — La reddition de Vienne, par Girodet; — Napoléon donnant ses ordres, le matin de la bataille d'Austerlitz, par Carle Vernet; — Napoléon donnant la croix à un soldat russe, par Debret; — Préliminaires du traité de paix de Léoben, par Lethiere-Guillon; — Le 76e de ligne retrouvant ses drapeaux dans l'arsenal d'Inspruck, par Meynier; — Napoléon passant la revue des députés de l'armée, par Serangeli; — Clémence de Napoléon envers la princesse Hatzfeld, par Charles de Boisfremont; — Napoléon recevant, à Tilsit, la reine de Prusse, par Berthou; — Entrevue des empereurs, Napoléon et Alexandre, sur le Niemen, par Gautherot; — Napoléon pardonnant aux révoltés du Caire, par Guérin; — la prise de Madrid, par Gros; — Napoléon rendant au chef d'Alexandrie ses armes, par Mulard; — l'ambassadeur Persan, Mirza, reçu par Napoléon au camp de Finkenstein, par Mulard; — la mort du général Desaix, par Regnault, etc., etc.

Les événements de 1814 et de 1815 ne permirent pas d'achever

Gérard, suivaient eux-mêmes, dans les ateliers, les tentures exécutées d'après leurs modèles. La même main, celle du chef de l'école, a peint le tableau du sacre de Napoléon et dessiné des modèles pour l'ameublement de son cabinet : « .... Le dessin que M. David a pris la peine de faire pour les fauteuils de représentation, écrit M. Daru à M. Lemonnier (1), alors directeur des Gobelins, paraît devoir être d'un bon effet. Je vous prie de faire faire, sans perdre un moment, tous les modèles des autres fauteuils, chaises, tabourets, paravents et écrans, des dessins analogues et représentant soit des figures, comme celui de M. David, soit des trophées.... »

David écrit lui-même à M. Lemonnier, le 25 août 1811 :

« .... Quant à ce que vous me faites l'honneur de me demander, *si l'intention de la commission* (2) *est que la totalité dudit meuble soit, dans l'exécution en tapisserie, rehaussée d'or,* je vous répondrai par l'affirmative, et vous concevrez facilement que l'ameublement devant faire suite, tous les meubles qui le composent doivent être

la plupart de ces tapisseries, qui furent démontées et mises de côté; c'est là l'origine de quelques uns des fragments exposés à la manufacture des Gobelins. Dans les premières années du règne de Louis-Philippe, il fut question de remettre ces fragments sur le métier et de terminer les tapisseries impériales; mais, par suite de l'emploi des modèles dans le musée de Versailles, ce projet, qui présentait, d'ailleurs, quelques difficultés, n'a pas été mis à exécution.

(1) Peintre d'histoire, nommé directeur des Gobelins en 1811, un an après la mort de M. Guillaumot. Ces fonctions avaient été remplies provisoirement, en 1810, par M. Chanal, secrétaire général.

(2) Cette commission se composait de David, de M. Denon, directeur des musées, et de M. Fontaine, architecte de l'empereur.

M. Lagrenée, peintre d'ornements, avait été chargé, par M. Lemonnier, de l'exécution des modèles; mais comme il ne s'était pas conformé aux dispositions adoptées, les dessins furent refaits par MM. Debret frères, et la peinture exécutée par Dubois, peintre d'ornements.

uniformément rehaussés d'or, avec la seule différence que les fauteuils de Leurs Majestés seront plus riches de dessin, de forme et de dorure.

« Au surplus, je me présenterai mercredi prochain à l'hôtel des Gobelins, vers une heure au plus tard, et là je conviendrai avec vous des moyens d'exécution et d'économie, en conciliant le tout avec la dignité inséparable d'un ameublement destiné à entrer dans les appartements d'un grand empereur. »

L'élément scientifique introduit à la manufacture des Gobelins, sous l'administration de M. d'Angiviller, puis éliminé, pour quelques années, par la réforme radicale du ministre Roland, prit une véritable importance à partir de la nomination de M. Roard comme directeur de l'atelier de teinture. A peine installé dans ces fonctions, M. Roard sollicita et fut assez heureux pour obtenir, par l'influence de MM. Chaptal et Berthollet, la création d'une école pratique de teinture dont le ministre de l'intérieur fit les frais ; on y admettait indistinctement des Français et des étrangers ; parmi les premiers, six recevaient du ministère un traitement annuel de mille francs. Malgré le peu de ressources mises à la disposition du professeur, il sortit en peu de temps de cette école nombre de sujets distingués (1) qui fondèrent à Paris, à Lyon, à Tours, à Mulhouse, à Avignon, à Turin, des ateliers de teinture renommés pour la beauté, la solidité et la perfection de leurs teintures.

Des travaux théoriques des prédécesseurs de M. Roard il ne restait absolument rien ; de nombreuses expériences durent être faites pour déterminer de nouveau les matières et les meilleurs procédés de teinture des laines et des soies employées dans la fabrication des tapisseries,

(1) MM. Beauvisage, à Paris ; Renard, à Lyon ; Perdreau, à Tours ; Gonfreville, à Rouen, etc.

problème que compliquait le caractère particulier de modèles exclusivement empruntés à l'école de David.

« .... La manufacture des Gobelins, dit à ce sujet M. Roard, n'avait autrefois à exécuter que des tableaux de couleurs très-intenses et très-tranchées, se prêtant à une parfaite exécution en tapisserie, couleurs qui, alors, conservaient toute leur fraîcheur et leur harmonie.... Les nuances de laine et de soie, assez distantes les unes des autres, ne se composaient chacune (des demi-teintes aux couleurs les plus foncées) *que de dix à quinze couleurs*. Mais quand il a fallu exécuter les tableaux de David et de ses élèves, Gérard, Gros, Guérin, Girodet, ces habiles artistes nous ont forcé, malgré nos observations, à augmenter d'une manière considérable notre ancienne palette, et de faire des nuances très-rapprochées entre elles, qui alors se composaient, à partir du blanc, de trente à trente-six couleurs.

« Comme je connaissais assez particulièrement tous ces grands peintres, je leur ai fait observer que, pour nous rapprocher le plus possible de leurs tableaux, nous ne pouvions donner aux tons si clairs qu'ils demandaient la même solidité et la même durée à l'air que celle des demi-teintes et des couleurs foncées ; qu'après un temps assez court, l'harmonie qui existait primitivement serait détruite, et qu'enfin, par leur faute, on dirait plus tard que l'art de la fabrication des tapisseries a rétrogradé, malgré les perfectionnements nouveaux et très-importants apportés tant dans cette même fabrication que dans les teintures. Cependant on ne tint aucun compte de ces motifs si positifs ; l'administration des Gobelins fut obligée de céder au désir de ces grands peintres et de se conformer à leurs exigences....

« Pendant que M. David s'occupait de terminer son tableau du sacre, qui devait être exécuté en tapisserie, j'allais assez souvent dans son atelier, place de la Sorbonne.

« En admirant le côté droit de son tableau, dans lequel sont groupés l'empereur, le pape et tous les maréchaux, — Nous ferons, lui disais-je, pour cette partie une très-belle tapisserie, attendu la beauté, la richesse et la variété des costumes; mais comment voulez-vous que nous, dont les moyens d'exécution en couleurs solides sont très-bornés, nous puissions faire quelque chose de bien durable pour le côté gauche, dans lequel se trouvent l'impératrice, les princesses et les dames de sa suite, toutes habillées de blanc? — Vous ferez comme vous le pourrez, me répondit ce grand peintre; mais vous n'aurez jamais autant d'ennuis que j'en ai éprouvés pour ce tableau de commande, dans lequel j'ai été obligé de placer mes personnages d'après un programme officiel. —

« .... Dès l'année 1804, j'avais reconnu que la fabrication des tapisseries a des limites, qui sont celles de la palette du teinturier en couleurs solides, limites qu'elle ne doit jamais dépasser, si l'on ne veut pas courir la chance de voir ces magnifiques produits qui d'abord, en sortant de dessus nos métiers, ne laissent rien à désirer, perdre ensuite, après quelques années de leur exposition à l'air, une grande partie de leur fraîcheur et toute leur harmonie.... »

Baucoup de tapisseries de l'école de David présentent, en effet, les défauts d'accord prévus par M. Roard (1), défauts qui ne procèdent pas uniquement des conditions spéciales des modèles et des procédés employés pour la

(1) Les bornes que nous nous imposons, à regret, ne nous permettent pas de suivre M. Roard dans toute la carrière qu'il a si honorablement parcourue aux Gobelins, de 1803 au 4 mai 1816, époque de la suppression momentanée des fonctions de directeur des teintures; on doit à ce savant chimiste de nombreuses expériences sur l'emploi en teinture de l'indigo, du bleu de Prusse, de la garance, dont les résultats sont consignés dans le Bulletin de la société d'en-

teinture, mais aussi du mode de fabrication. Après une longue suite d'essais et de mécomptes, l'artiste tapissier est parvenu, par le *travail des hachures à deux et même à trois nuances,* à opérer de nouvelles combinaisons, à *enter* (c'est le mot propre) les couleurs les unes sur les autres, et à leur donner l'accord, le soutien, la transparence vainement cherchés jusque-là, ou incomplétement trouvés :

« .... Le premier essai du *travail à deux nuances* a été fait, vers 1812, par M. Deyrolle (Gilbert) (1), artiste tapissier de basse lisse ; le mélange des soies qu'on employait doubles et de couleurs différentes, lui en avait donné l'idée ; il ne l'appliqua toutefois que d'une manière restreinte. Son fils, M. Deyrolle (Gilbert), chef d'atelier, la communiqua à M. Rançon (Louis), et bientôt tous deux commencèrent à la convertir en théorie, puis à l'appliquer d'une manière générale.

« Lors de la suppression de l'atelier de basse-lisse, en 1825, ces deux artistes importèrent leur nouveau procédé dans l'atelier de haute lisse, où déjà des essais avaient été faits pour mélanger deux nuances sur laine, comme on le faisait pour la soie ; mais comme les laines, pour pouvoir être doublées, devaient être de moitié plus fines, ce qui eût entraîné le renouvellement total du magasin et une fabrication plus dispendieuse, ces essais n'avaient pas eu de suite.

« Le nouveau procédé s'est perfectionné en haute lisse, mais il n'a guère fallu moins de 7 à 8 ans pour sa généralisation dans les ateliers ; aujourd'hui sa supério-

couragement et dans d'autres recueils scientifiques ; des mémoires : 1° sur l'alunage et l'influence des divers états des laines en teinture ; 2° sur le décreusage de la soie ; 3° sur les mordants ; 4° sur l'influence de l'alun de Rome comparé à ceux de France, qui ont été approuvés par l'institut et publiés dans le recueil des savants étrangers.

(1) Mort en 1814.

rité est si bien reconnue qu'à de rares exceptions près il est seul employé. C'est, en effet, le seul mode de travail, actuellement connu, qui permette d'obtenir au plus haut degré possible :

« Exactitude dans la traduction du coloris du modèle.

« Accord durable dans les nuances employées.

« Transparence (1). »

Quelques-uns des artistes tapissiers employés, de 1828 à 1839, à la reproduction d'une partie de l'histoire allégorique de Marie de Médicis, de Rubens (2), MM. Buffet, Gilbert, Lucien Deyrolle, etc., ont singulièrement contribué au perfectionnement et à la diffusion de cette nouvelle méthode.

Des progrès parallèles ont été faits par l'atelier de teinture ; on a totalement réformé l'ancienne manière de *rabattre* les couleurs franches, en les plongeant dans un liquide appelé *rabat*, assez semblable à l'encre, composé d'un sel de fer (3) et d'un astringent. Cette méthode extrêmement vicieuse, et cause de la plupart des altérations remarquées dans le coloris de tentures faites de-

(1) Extrait d'une lettre (1er juin 1853) de M. Abel Lucas, peintre, et professeur des écoles de dessin et de tapisserie de la manufacture des Gobelins.

(2) Naissance de Marie de Médicis; — Henri IV recevant le portrait de Marie de Médicis; — la reine Marie de Médicis au pont de Cé ; — le mariage de Henri IV à Lyon ; — la naissance de Louis XIII ; — Henri IV confiant le gouvernement à la reine ; — Marie de Médicis sous la figure de Bellone ; — l'arrestation de Marie de Médicis, à Blois ; — le Temps découvre la vérité ; — réconciliation de Marie de Médicis avec son fils ; — conclusion de la paix ; — les trois Parques.

(3) Le fer contenu dans ces sels, en passant, à l'air libre, à un degré d'oxydation plus avancé, donnait des tons d'un gris très-foncé là où il n'en fallait qu'une nuance légère. Cet effet augmentait d'intensité avec les années et produisait, entre les couleurs employées, dans le tissu des tapisseries, un désaccord d'autant plus grave que la quantité de nuances *rabattues* y était plus considérable.

puis moins d'un demi-siècle, a été remplacé par l'emploi simultané de couleurs complémentaires, de bon teint, dont le mélange peut produire du gris conservant sa valeur originaire.

De nouveaux procédés permettent aussi d'employer, pour la préparation des tons clairs, de peu de résistance autrefois, des matières colorées inaltérables à l'air (1).

Les observations faites, en 1806, par M. Roard, sur la difficulté de reproduire en tapisserie certaines parties du tableau du sacre de Napoléon, auraient donc aujourd'hui infiniment moins de valeur qu'à cette époque : on peut dire avec vérité que l'art de fabriquer les tapisseries s'est transformé et qu'il ne connaît plus d'obstacles.

M. le baron des Rotours (2), chargé de la direction des Gobelins, de 1816 à 1833, est l'une des personnes qui ont le plus contribué à ce mouvement; on doit à cet habile administrateur :

Le rétablissement de l'étude du modèle vivant dans l'école de dessin de la manufacture (3);

La création d'une école spéciale de tapisserie, réalisation tardive, mais désormais stable, du *séminaire*, ordonné par l'édit de 1667;

La suppression de la fabrique de basse lisse (4), que

(1) Nous regrettons de ne pouvoir mentionner, avec quelque développement, toutes les améliorations introduites dans cette partie du service, ainsi que les découvertes et les travaux scientifiques effectués, en si grand nombre, au laboratoire des Gobelins, par M. Chevreul, membre de l'Institut, nommé directeur des teintures le 9 septembre 1824, en remplacement du comte Laboulaye-Marillac qui avait lui-même succédé à M. Roard.

(2) Ancien officier supérieur d'artillerie; frère de l'amiral de ce nom.

(3) Supprimée, *comme inutile*, en 1848, l'étude du modèle vivant a été rétablie en novembre 1850.

(4) Les perfectionnements introduits par Vaucanson, n'en ont pas moins laissé subsister l'un des plus graves inconvénients inhérents à

des préjugés héréditaires conservaient parallèlement à la fabrique de haute lisse ;

La réunion opérée en 1826, des manufactures des Gobelins et de la Savonnerie, et la suppression dans cette dernière du travail à la tâche (1) ; mesures qui ont aujourd'hui la sanction de l'expérience et du temps : on ne peut nier que ce nouveau mode de payement, l'annexion à la manufacture des Gobelins et la participation à toutes les ressources artistiques, réunies de longue main, dans cette maison, n'aient singulièrement contribué à perfectionner les produits de la Savonnerie ; la comparaison de quelques tapis d'ancienne date avec ceux que l'on fabrique aujourd'hui ne laisse, à ce sujet, aucun doute.

C'est par l'ensemble des travaux de tapisserie, accomplis depuis cette époque, qu'il faut juger du résultat d'études de plus en plus complètes dans les arts du dessin, et de l'emploi exclusif de la haute lisse. Nous nous bornons toutefois à citer, comme un travail hors ligne, appartenant, en grande partie, à la direction de M. des Rotours, la tenture de l'histoire de Marie de Médicis,

la nature même du métier de basse lisse, celui de ne pas permettre à l'ouvrier de voir le résultat de son travail aussi souvent qu'il le veut ; l'opération de relever le métier, de déplacer le calque placé sous la chaîne, de le replacer ensuite, en rapport exact avec le dessin de la tapisserie, n'est pas si prompte et si facile qu'on puisse perpétuellement la répéter. Cette opération ne se fait qu'à chaque *pliée* de la tapisserie, c'est-à-dire à peu près quand tout un bandeau de la largeur du métier a été exécuté. La suppression de ces métiers, aux Gobelins, en 1826 (décision du 4 mai), s'est combinée avec la réunion de la manufacture de la Savonnerie à celle des Gobelins, réunion qui avait été proposée par Soufflot, dès 1774. Les ouvriers en basse lisse se sont successivement formés au travail de la haute lisse et n'ont pas quitté la manufacture des Gobelins ; les métiers de basse lisse ont été envoyés à Beauvais.

(1) Le régime du travail à la tâche y avait été rétabli en 1805.

d'après Rubens, qui décore aujourd'hui, d'une manière permanente, les grands appartements du château de Saint-Cloud (1).

Voici, enfin, ce que le peintre Guérin écrivait à M. des Rotours, le 11 janvier 1833, à propos de la traduction

(1) Cette tenture, commencée le 15 mars 1828, n'a été achevée que le 17 mai 1839; parmi les très-nombreuses pièces de tapisseries sorties des ateliers des Gobelins, sous la direction de M. des Rotours, nous nommerons encore :

Pierre le Grand sur le lac Ladoga, terminée en 1819, d'après Steuben; tapisserie donnée en présent à l'empereur de Russie; — Henri IV rencontrant Sully blessé à la bataille d'Ivry, terminée en 1820; tapisserie donnée au roi de Naples et de Sicile.

Sept sujets de la vie de saint Bruno, d'après Le Sueur; — la mort de saint Louis; — Henri IV présidant les états de Rouen; — Henri IV présentant Crillon aux seigneurs de sa cour; — saint Louis médiateur entre le roi d'Angleterre et les barons; — saint Louis recevant les députés du Vieux de la Montagne; — François Ier refusant l'hommage des Gantois; — François Ier confiant la garde de sa personne aux Rochelais; — ces sept pièces terminées de 1822 à 1827, d'après Rouget; — le martyre de saint Étienne, d'après Abel de Pujol, tapisserie achevée en 1824, et donnée à S. S. le pape, en 1826; — Phèdre et Hippolyte, d'après Guérin, tapisserie terminée en 1823; — Bataille de Tolosa, d'après Vernet (Horace), achevée en 1827; — François Ier et Charles-Quint visitant l'église de Saint-Denis, d'après Gros, tapisserie terminée en 1828; — sainte Famille, d'après Raphaël, terminée en 1821; — le Centenier, d'après L. Boulongne, tapisserie commencée le 15 juin 1828, terminée le 20 novembre 1832.

Le portrait de Louis XVI, d'après Callet, achevé en 1817; celui de Marie-Antoinette, entourée de sa famille, d'après Mme Le Brun, achevé en 1818; — les portraits de Louis XVIII, d'après Robert le Fèvre (1827), de Charles X, d'après Gérard (1829), de Mme la duchesse de Berry et de ses enfants, d'après le même (1827; — les *Actes des Apôtres*, d'après des copies de l'époque de Louis XIV, appartenant à la cathédrale de Meaux; — nombre de portières, d'ornements sacerdotaux, de bannières, d'après Guérin, Gros, de la Roche, etc.

Pendant l'administration de M. des Rotours, les travaux d'art ont été sous l'inspection de la plupart des peintres, auteurs des modèles, et sous l'inspection particulière de M. Cassas, habile dessinateur, et

en tapisserie de son tableau de Pyrrhus prenant Andromaque sous sa protection (1) : « ..... Je me reproche d'avoir différé deux jours à vous témoigner ma satisfaction de la manière dont vos artistes des Gobelins (car ce sont de vrais artistes) ont traduit mon tableau de Pyrrhus et Andromaque. Je ne puis que me féliciter de voir mes ouvrages reproduits avec cette exactitude, je puis dire même avec cette perfection, dans un genre dont ils ont, sous votre direction, monsieur, reculé les limites. Veuillez en agréer mes témoignages de reconnaissance ; car je ne doute pas de l'heureuse influence de votre sollicitude dans cette réussite, et de tous les soins que vous avez bien voulu prendre pour qu'elle fût complète..... »

Sous le règne de Louis-Philippe, quelques œuvres capitales sont achevées, entre autres les tapisseries d'après Rubens et les Actes des apôtres d'après Raphaël, le Massacre des Mamelucks (2), d'après Horace (Vernet) ; des portraits du roi et de quelques membres de sa famille. On commence, d'après MM. Alaux et Couder, une suite de tapisseries destinées au salon, dit de famille, des Tuileries, représentant quelques-unes des résidences royales : les châteaux de Pau, de Fontainebleau, de

professeur de l'école de dessin de la manufacture, nommé en remplacement de M. Augustin Belle, le 4 mai 1816 ; M. Mulard, peintre, lui fut adjoint, le 1er janvier 1821, et exerça seul cette double fonction, de 1827, époque du décès de M. Cassas, à 1848.

(1) Cette tapisserie, exécutée par M. Fleury, fait partie de l'exposition permanente des Gobelins.

(2) Cette tapisserie, exécutée, presque en totalité, par M. Rançon (Louis), a figuré à l'exposition universelle de Londres, où elle a excité une juste admiration. L'harmonie parfaite de toutes les parties de cette vaste toile, la fidélité de la reproduction, en font un véritable chef-d'œuvre, aussi M. Horace Vernet exprima-t-il sa satisfaction de la manière la plus vive en disant aux artistes tapissiers *qu'ils avaient mieux fait que lui.*

Saint-Cloud, les galeries de Versailles (1), le Palais-Royal, etc.

On commence aussi, à la manufacture de la Savonnerie, un tapis d'après une remarquable composition de MM. Titeux et Eugène Lamy, et quelques meubles de petite dimension, chaises, fauteuils, écrans, fabrication qui, depuis quarante ans environ, était à peu près abandonnée, et qu'il était utile de rétablir, ne fût-ce que pour introduire dans le travail des tapis plus de variété, de finesse et de perfection (2).

En 1848, M. Lavocat, successeur de M. des Rotours, est remplacé par M. Badin, peintre; l'inspecteur Mulard est mis à la retraite; l'administration de la manufacture de Beauvais est réunie à celle des Gobelins; toutes deux rentrent, ainsi que la manufacture de Sèvres, dans le domaine national et sont placées dans les attributions du ministère du commerce et de l'agriculture; un conseil, dit *de perfectionnement*, composé de peintres, d'architectes, de sculpteurs, de quelques représentants amis des arts, et des administrateurs des manufactures nationales, est chargé, ainsi que l'indique son titre,

(1) En mars 1848, cette partie, la plus riche de toute la composition, a été malheureusement détruite et remplacée par un fond insignifiant. Pour remplir ce vide, on exécute, depuis quelque temps, une vue du château du Louvre et des Tuileries.

(2) La plupart des modèles de tapis, exécutés pendant la période impériale, ont été composés par MM. Percier et Fontaine, architectes de l'empereur, et peints par MM. Barraband, Lagrenée et Dubois, peintres d'ornements. Sur la fin de l'empire et sous la restauration, M. de Saint-Ange, architecte inspecteur des constructions de la Bourse, attaché aux manufactures de la couronne (de 1810 à 1843), a dessiné plus de vingt modèles de tapis, peints, pour la plupart, par M. Dubois, peintre décorateur, et quelques-uns des derniers par M. Deyrolle.

M. Duvivier (Saint-Ange), nommé en 1807, après la mort de son père, a été le dernier directeur particulier de la manufacture de la Savonnerie.

d'étudier toutes les questions qui se rattachent au travail artistique et au progrès de ces manufactures (1).

En 1850 (29 septembre), les administrations de Beauvais et des Gobelins sont de nouveau séparées : M. Badin est nommé directeur de la manufacture de Beauvais, et M. Lacordaire (Adrien-Léon), directeur de la manufacture des Gobelins.

En 1852 (janvier), les manufactures et les palais nationaux sont attribués au ministère d'État. La même année, un sénatus-consulte (11 décembre) rend les manufactures nationales à leur destination naturelle, qui est de décorer la résidence du souverain, et de contribuer au progrès des arts.

(1) En 1851 il était composé de MM. d'Albert de Luynes, président; F. de Lasteyrie, ancien représentant; Victor de Lavenay, secrétaire général au ministère du commerce; Paul Delaroche, peintre d'histoire; Ary Scheffer, peintre d'histoire; de Nieuwerkerke, directeur des musées nationaux; Labrouste, architecte; Duban, architecte; Violet-Leduc, architecte; Sechan, peintre décorateur; Klagman, sculpteur; Ébelmen, directeur de la manufacture de porcelaines de Sèvres; Diéterle, peintre décorateur, inspecteur des travaux d'art de Sèvres; Badin, directeur de la manufacture de Beauvais; Lacordaire, directeur des manufactures des Gobelins et de la Savonnerie; Chevreul, directeur des teintures aux Gobelins; Ch. L. Muller, peintre d'histoire et inspecteur des travaux d'art aux Gobelins; Cherubini, chef de bureau au ministère du commerce, secrétaire du conseil.

CHAPITRE CINQUIÈME.

Détails de fabrication des tapisseries et des tapis.

Métier de haute lisse pour tapisserie.

Les tapisseries des Gobelins et les tapis de la Savonnerie sont faits au métier de *haute lisse*.

Les métiers employés dans les deux fabrications ne diffèrent que par leurs dimensions et par quelques détails peu importants. Les plus grands sont ceux sur lesquels on fabrique les tapis ; leurs dimensions sont, en général, calculées sur celles des vastes appartements qu'il s'agit de meubler (1) ; quelques-uns n'ont pas moins de dix à onze mètres de longueur. Ceux de tapisserie ont de quatre à sept mètres de longueur (voy. la figure, p. 125) ; ils se composent d'une paire de forts cylindres de bois de chêne ou de sapin, dits *ensouples*, disposés horizontalement, dans le même plan vertical, à quelque distance (de 2^m^ 50 à 3^m^, d'axe en axe) l'un de l'autre, et supportés par de doubles montants en bois de chêne appelés *cotrets*. Les ensouples sont munies, à chacune de leurs extrémités, d'une frette dentée, en fer, et d'un tourillon ; elles s'engagent par ces tourillons dans des coussinets en bois, et y tournent librement, quand cela est nécessaire. Ces coussinets sont mobiles (c'est en général le coussinet supérieur) dans l'intérieur des cotrets, au moyen de rainures dans lesquelles ils glissent. La chaîne du tissu des tapisseries et des tapis se fixe sur les ensouples, dans une situation parfaitement verticale, tous les fils ou brins exactement à la même distance l'un de l'autre, et de plus avec une division, de dix en dix, ou même tout à fait arbitraire, par un fil autrement coloré que les autres, quand il s'agit des tapis ; chaque fil de la chaîne a été préalablement arrêté sur une tringle en bois, dite *le verdillon*, et ce dernier, logé dans une rainure creusée dans toute la longueur des ensouples.

Quand on veut tendre la chaîne, enrouler ou dérouler des parties de tapisserie, on fait tourner les ensouples

(1) Des tapis de cent mètres de superficie, et plus, d'une seule pièce, ne sont point chose rare à la Savonnerie.

au moyen de leviers en fer, ou même en bois, qui s'engagent dans des trous pratiqués à cet effet, à chacune de leurs extrémités. La portion de tissu fabriquée s'enroule sur l'ensouple inférieure, en amenant et développant de l'ensouple supérieure une nouvelle portion de chaîne et ainsi, partie par partie, jusqu'à ce que la pièce, en cours de fabrication, soit terminée. Le dernier degré de tension est donné par une vis de pression en fer qui, logée dans le vide des cotrets, et placée entre les deux coussinets, fait monter ou descendre à volonté celui qui est mobile, en s'appuyant sur le coussinet fixe, ou sur une traverse. Les ensouples demeurent fixes au moyen de valets en fer, ou déclics, engagés dans les frettes dentées de leurs extrémités.

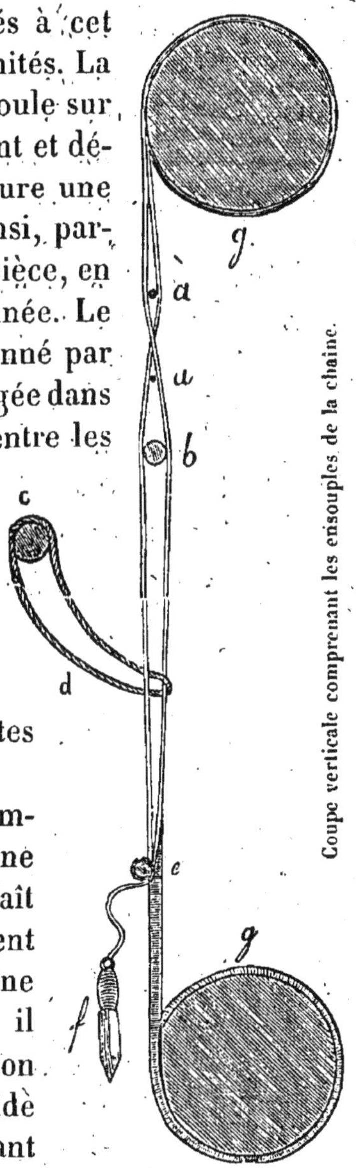

Coupe verticale comprenant les ensouples de la chaîne.

Les tapisseries présentent, comme tout tissu, une chaîne et une trame, mais la trame seule paraît à l'endroit et à l'envers. On vient de voir la disposition de la chaîne dans un même plan vertical, il reste à expliquer sa combinaison avec la trame et le procédé à l'aide duquel les fils colorés, composant cette dernière, peuvent former des images : la chaîne, qui est en laine, en coton, ou même en soie (1) à quatre, cinq et six brins, retorse, parfaitement unie, se divise,

(1) La soie n'a eu cet emploi qu'à titre d'essai, au commencement du siècle, et pendant un petit nombre d'années.

lorsqu'elle est tendue, en deux nappes dont l'écartement est maintenu, d'abord par une ficelle dite de *croisure a a* (voyez la fig. p. 127) alternativement passée entre les fils, puis par un bâton *b*, ou même par un tube de verre de deux à trois centimètres de diamètre, dit *bâton d'entre-deux*. A chaque fil de la nappe, d'arrière, relativement à l'ouvrier, est passée, à la hauteur de sa main, une cordelette *c d*, en forme d'anneau, appelée *lisse*, fixée, à l'opposé, sur une forte perche, dite la *perche des lisses c* (1); c'est à l'aide de ces *lisses*, et en les tirant, que le tapissier assis, entre la chaîne et le tableau qui lui sert de modèle, peut ramener les fils d'arrière en avant et opérer le croisement de la chaîne et de la trame. Cette dernière est préalablement enroulée sur un instrument en bois, appelé *broche* (voyez fig. B, ci-contre), qui remplace, pour le tapissier, la navette du tisserand.

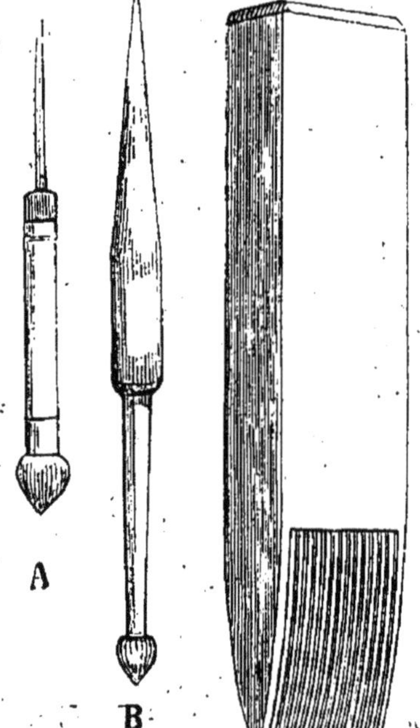

Pour former le tissu, l'ouvrier prend une broche chargée de laine ou de soie, teinte de la couleur convenable; il arrête l'extrémité du fil de trame sur le fil de chaîne, à gauche de l'espace où doit être placée la nuance; puis passant la main gauche entre les deux nappes séparées par le bâton, dit *de croisure*, il écarte les fils que doit recouvrir cette même nuance; sa main droite, passant entre les fils, va chercher, à gauche, la broche

(1) Dans le métier à tapisserie, la perche des lisses se subdivise en plusieurs parties indépendantes, mesurant par leur longueur ce qu'un

qu'elle ramène à droite ; la main gauche, saisissant alors les *lisses,* fait revenir en avant les fils d'arrière, et la droite lance la broche au point d'où elle était partie. Cette allée et venue de la broche à droite et de droite à gauche, forme ce que l'on appelle deux passées, ou *une duite.*

La figure 1, ci-dessous, représente, en plan et en perspective, les deux éléments de ce tissu, la chaîne et la trame. La première y est figurée, en plan, par une suite de petits cercles BB, et, la seconde, par le fil enveloppant ces cercles.

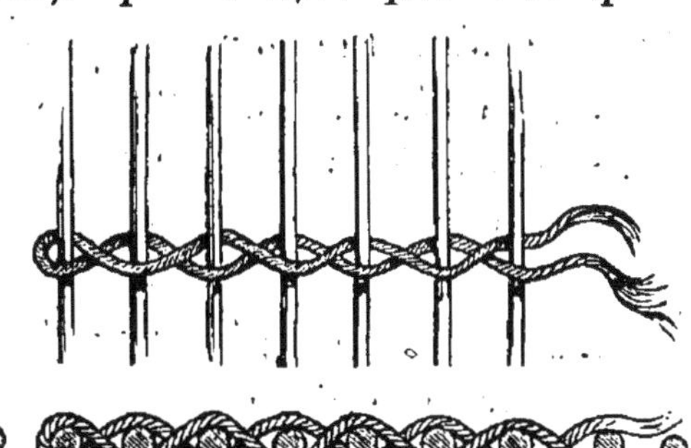

L'ouvrier répète ces duites successivement, les unes au-dessus des autres, suivant l'étendue et les contours de l'espace que doit occuper la nuance dont la broche est chargée. Il prend une nouvelle broche pour une nouvelle nuance ; il coupe, arrête et fait perdre à l'envers de la tapisserie, c'est-à-dire du côté où il travaille, le fil de la broche précédente, s'il ne doit pas recommencer à s'en servir près du même endroit. A chaque duite, il rapproche, avec le bout aigu de la broche, les fils de trame de la portion du tissu déjà faite. Cette première compression, toutefois, ne suffirait, ni pour régulariser le tissu, ni pour couvrir exactement la chaîne ; l'ouvrier, après avoir placé quelques duites, les unes au-dessus des autres, complète l'opération en frappant la

ouvrier occupe de place sur le travail de la tapisserie en cours d'exécution, et tous ces supports isolés sont eux-mêmes supportés comme l'indique la figure (p. 130), par une forte perche de toute la longueur du métier, placée un peu au-dessus des lisses.

trame, de haut en bas; avec un lourd peigne d'ivoire (voyez la fig. C, p. 128) dont les dents pénètrent entre chacun des fils de la chaîne. Ces derniers se trouvent alors complétement cachés sous la trame et ramenés à un même plan.

Ce sont les nuances qui déterminent le nombre des fils de chaîne à comprendre sous une passée ou duite; dans une partie unie et horizontale, on allonge la passée autant qu'il est possible, pour accélérer l'ouvrage; dans les petits détails, il arrive souvent qu'une passée ne comprend que deux ou trois fils de chaîne; les contours du dessin à reproduire, les divers accidents du coloris, le plus ou le moins d'étendue des lumières, des demi-teintes, etc., indiquent l'étendue des duites, ainsi que leur nombre les unes au-dessus des autres. On passe des clairs aux bruns, et d'un ton à un autre, par des couleurs, participant graduellement les unes des autres, et disposées *en hachures*.

Les contours déterminés, obliquement au sens des fils de la chaîne, par les longueurs diverses des duites, ne sont, dans la plupart des cas, et si on les considère dans une petite partie de leur développement, ni rectilignes, ni régulièrement curvilignes, mais toujours dentelés. Cette disposition, eu égard à la finesse des fils de trame, n'a aucune sorte d'inconvénient, quant à l'effet général des objets représentés; elle disparaît dans les détails d'ombres et de lumières des contours extrêmes et par le travail des hachures.

Les *hachures* sont employées pour graduer les teintes, et pour éviter l'effet de mosaïque qui résulterait de la simple juxta-position des couleurs.

Si l'on suppose que, dans un espace donné, de quinze fils, par exemple, une couleur A fasse une duite d'un bout à l'autre, puis, sur dix fils, une seconde duite, et

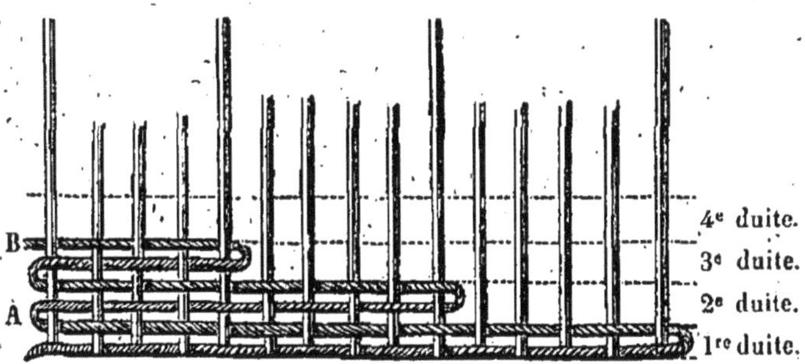

enfin, sur cinq fils, une troisième duite, il y aura gradation dans la couleur employée, et celle-ci sera d'autant plus intense que les duites seront en plus grand nombre. Si maintenant on conçoit une deuxième couleur partant du point B, traversant également les quinze fils et remplissant les vides, c'est-à-dire faisant trois duites où la première couleur en fait une, deux où l'autre en fait deux, et une où elle en fait trois, on aura un même nombre de duites, quatre sur quinze fils, et ces deux couleurs ainsi employées produiront des teintes intermédiaires, d'autant plus semblables à l'une des deux, que celle-ci aura plus de duites dans la composition de la hachure.

La figure ci-après représente l'effet de la superposition des hachures, et comment, avec deux couleurs, on produit deux et trois *tons intermédiaires*. Cette disposition constitue, dans sa simplicité, l'ancien système de hachures, dit *à un ton*, ou *à une nuance* (1), système dont on ne se sert aujourd'hui que dans de rares exceptions, et auquel on a dû renoncer, parce qu'il fallait multiplier les couleurs pour arriver à la reproduction exacte de tous les tons d'un tableau.

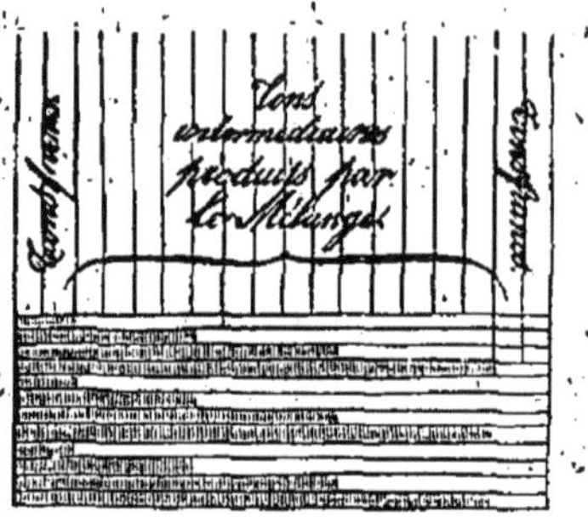

Nous avons exposé (p. 117) les circonstances dans lesquelles parut un nouveau système de hachures dit *à deux tons* ou *à deux nuances, se traversant continuellement,* et donnant par leur emploi simultané une légèreté de ton, une transparence, une solidité auxquelles, dans l'ancien système, il n'était pas possible de parvenir; la difficulté d'être bref, et surtout celle d'être clair, sans parler aux yeux par l'emploi des couleurs, ne nous permettent pas d'aborder la description du nouveau système. Les hachures constituent d'ailleurs l'une des grandes difficultés du travail de la tapisserie : un œil peu exercé ne saurait découvrir où commence et où finit une couleur; il faut voir ce travail sur la place, se le faire expliquer, et mieux encore, mettre la main à l'œuvre, pour en avoir la parfaite intelligence.

Le tapissier, pour le trait des figures, pour le passage d'une nuance à une autre, est guidé par un *trait noir* ou par un *trait rouge* dans les carnations, tracé sur la chaîne par l'intermédiaire d'un papier transparent sur lequel il a préalablement calqué le dessin du modèle.

(1) On ne se sert, en général, que de l'expression : *hachures à un ton* ou *à deux tons*. Pour plus d'exactitude, il faudrait dire *à une* ou *à deux nuances*. Mais nous ne pouvons ni ne voulons changer le vocabulaire de l'art.

Cette première opération ne peut s'effectuer qu'en marquant d'abord, d'une manière très-perceptible, sur le modèle lui-même, au moyen d'un trait au crayon blanc, tous les détails à reproduire. Ce premier trait est continu, pour les contours effectifs, et seulement ponctué, sur les limites des nuances principales. Le calque qui en est fait, sur papier dioptique, est ensuite appliqué sur l'arrière (1) de la chaîne et maintenu en place, au moyen de baguettes dont les bouts passent entre les fils ; cela fait, l'artiste tapissier trace sur la chaîne, fil par fil, avec une pierre noire tranchante, ou avec une petite plaque de bois amincie en biseau d'un côté, et chargée d'encre, des points concordant avec le dessin et formant sur le pourtour de chaque fil une ligne transversale et annulaire. Le trait se produit ainsi, à l'arrière comme à l'avant de la chaîne, et conséquemment l'ouvrier ne cesse de le voir dans son travail, soit qu'il occupe sa place habituelle, soit qu'il passe à l'arrière pour juger de l'effet d'ensemble.

Le tracé du dessin sur la chaîne, toujours exécuté par petites parties, entraînerait d'inévitables erreurs sur l'ensemble, s'il n'y était pourvu, en prenant des points généraux de repère sur le modèle, et en les marquant sur la chaîne. Ce procédé, simple et exact, a remplacé celui dont on se servait il y a peu de temps encore, et qui consistait à relever, une fois pour toutes, à la craie blanche, les grands contours du modèle, sur un voile de gaze noire, tendu sur un châssis, et à appliquer, de temps à autre, ce voile sur la chaîne de la tapisserie en cours d'exécution, en faisant coïncider le dessin tracé sur le voile avec celui qui était tracé sur la chaîne.

Ces précautions, toutes matérielles, seraient toutefois

(1) Les mots d'*arrière* et d'*avant* se rapportent à la position occupée par l'artiste tapissier.

de peu d'utilité, si l'artiste tapissier ne possédait en lui-même, par le fait d'une éducation spéciale, les ressources nécessaires pour assurer la bonté du travail; il ne dispose pas d'une couleur fluide, mais d'une matière sèche qui ne comporte ni empâtement, ni repentirs, ni glacis, ni aucune des ressources multipliées de l'art dont il traduit les chefs-d'œuvre; il ne peut, comme le peintre, préparer ses masses, se rendre immédiatement compte de l'effet général, revenir sur son travail, et sans cesse modifier; il procède par imperceptibles parties, n'obtient la transparence et l'harmonie que par la combinaison très-complexe des hachures, ne saisit l'effet d'ensemble que d'une manière intellectuelle, et doit, du premier coup, être juste de ton et de dessin, en travaillant à l'envers. Quelques petites fautes de dessin peuvent se corriger en serrant plus ou moins la trame avec l'aiguille à presser (figure A, page 128.) Les fautes de coloris ne disparaissent qu'en coupant une partie de la trame et en recommençant le travail. On comprend toutes ces difficultés, et l'étude nécessaire pour en triompher; il ne faut pas moins de douze à quinze ans pour former un tapissier; et plusieurs générations de ces laborieux artistes ont dû se succéder pour pousser l'art de fabriquer les tapisseries historiées au point où il est aujourd'hui.

Le mode de tracé, employé pour les tapisseries, s'effectue, depuis peu de temps, dans la fabrication des tapis de la Savonnerie; mais, pour ces derniers, on ne se borne pas à prendre de simples points de repère, on divise le modèle en carrés, de dimensions arbitraires, et on marque ces mêmes carrés sur la chaîne : 1° par des fils colorés; 2° par des lignes horizontales tracées à l'encre ou à la pierre noire. Les calques partiels, portant les mêmes divisions, s'ajustent ainsi au dessin général avec une exactitude mathématique. On ne traçait précédemment aucune partie du dessin sur la chaîne

des tapis, on copiait le modèle par carrés de vingt-cinq

millimètres de côté ; la méthode actuelle est infiniment préférable, puisqu'elle donne à l'ouvrier la possibilité de traduire son modèle, sans travail de tête et sans fatigue.

Les tapis de la Savonnerie diffèrent essentiellement, et par le procédé de tissage, et par le résultat, des tapisseries des Gobelins ; ils rentrent dans la catégorie des *velours*. Les fils de laine qui, par leur juxtaposition, en forment la surface, sont arrêtés chacun par un double nœud sur deux fils de chaîne. Cette dernière est en laine et double ; elle se combine, tant avec les fils de la surface veloutée, qu'avec une *trame* et une *duite* dont aucune partie n'apparaît au dehors ; le tapissier voit l'*endroit* du tapis et non l'*envers*, comme cela a lieu, pour le tapissier des Gobelins. Les instruments dont il se sert sont :

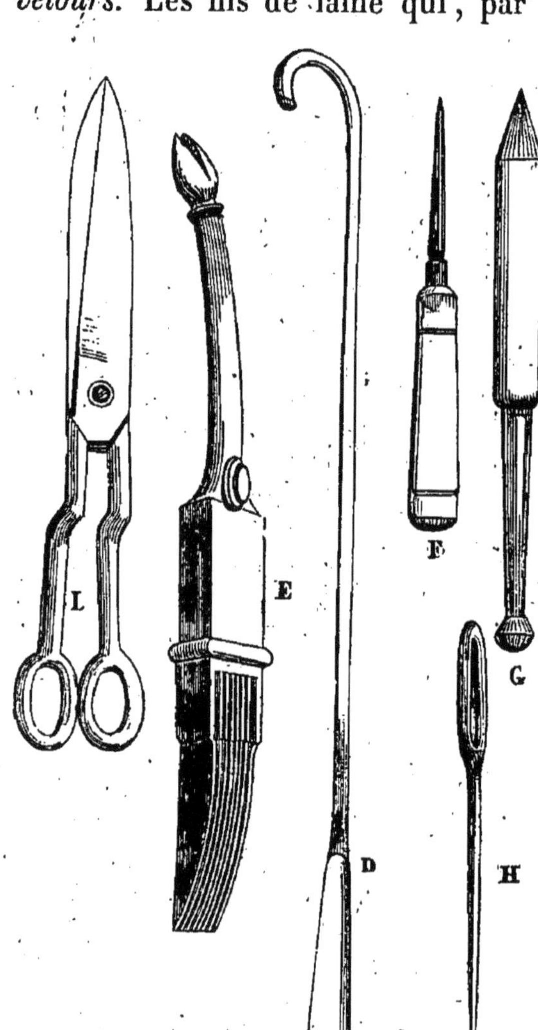

La broche G sur laquelle s'enroule la laine colorée qui doit former le velours ;

Le tranche-fil D, tige de fer ronde, armée, à l'une de ses extrémités, d'une lame tranchante ;

Le peigne E, en fer, pour tasser le tissu ;

Les ciseaux L, pour ébarber et tondre le velours ;

L'aiguille à presser F ;

L'aiguille H, pour refaire les points isolés, d'un arrangement défectueux.

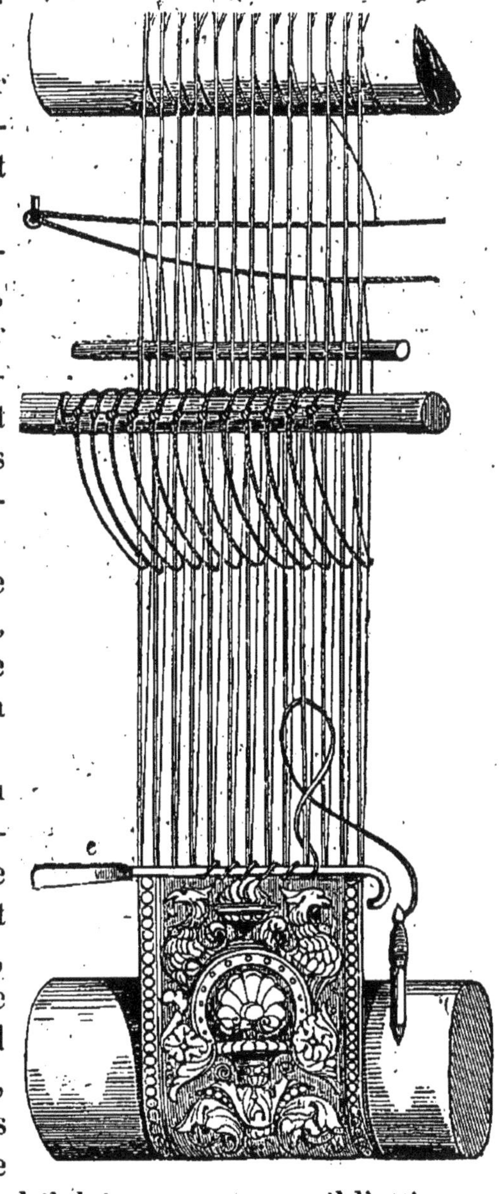

La chaîne est tendue verticalement, comme dans le métier de haute lisse de tapisserie, et le métier est de même forme, mais de dimensions, en général, plus grandes.

On commence le tapis par une *lisière*, dont le tissu est le même que celui de la tapisserie.

Pour opérer le tissu du velours, ou autrement, pour faire le *point*, l'ouvrier, ayant choisi la broche G, chargée de la laine dont la nuance répond à celle du modèle, saisit, avec les doigts de la main gauche, le fil de chaîne sur lequel il doit commencer ; il l'attire un peu vers lui et fait passer, derrière, la broche et le fil de laine qu'il tient de la main droite; il attire ensuite, de son côté, à l'aide de la lisse, le fil de chaîne suivant, placé un peu derrière le premier, et enveloppe ce fil d'un nœud coulant qu'il serre. Entre ces deux *passées* (c'est le mot consacré), la laine forme, au-devant de la chaîne, un anneau dont l'amplitude répond à la hauteur du velours; le tranche-fil *e*, passé dans cet anneau, occupe sur le tissu une position horizontale, et se charge successivement d'une suite d'anneaux de laine produits par la répétition du point. Chaque nœud est abattu et serré sur le tissu, avec le pouce et l'index. L'enlacement du fil de laine est représenté par la figure, page 137, et, plus clairement, par les figures 3 et 4 ci-dessous; ces deux dernières, ainsi que la figure 2, donnent, à une échelle exagérée, la coupe horizontale de la chaîne, qui est représentée, dans chacune d'elles, par une double rangée

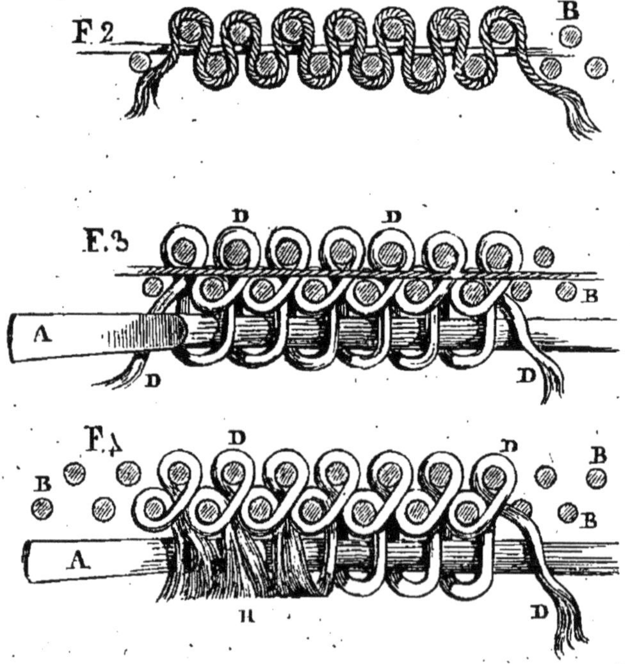

de cercles B B B. Tous ces fils sont enveloppés par la laine D D D D, qui passe, de plus, autour du tranche-fil, désigné par la lettre A; en tirant cet instrument de gauche à droite, tous les anneaux de laine se trouvent coupés, et le velours est formé.

Lorsqu'une rangée de points est ainsi faite, sur une certaine longueur, ou même d'un bout à l'autre du tapis, l'ouvrier les joint ensemble par un fil de chanvre très-fort, appelé *duite,* jeté entre les deux nappes de la chaîne, et superposé aux points, ainsi que l'indique la figure 3, page 138. Cette duite ne suffisant pas pour former un tissu solide, il faut encore lier entre eux les fils de la chaîne par un autre fil de chanvre, formant *trame,* indiqué par la figure 2; pour le placer dans le tissu, l'ouvrier ramène par-devant, au moyen des lisses, les fils d'arrière; il passe la trame entre les deux rangées de fils, puis laisse ceux d'arrière retourner à leur position, en ayant soin de tenir cette trame assez lâche pour qu'elle suive toutes les inflexions des fils de la chaîne. De cette manière, les points sont comme enchâssés. Cela fait, l'ouvrier tasse, avec le peigne, les points et les fils de chanvre : ces derniers entrent dans l'intérieur du tissu et y demeurent absolument invisibles.

La coupure des anneaux de laine, opérée par le tranche-fil, laisse des bouts de laine, de longueur inégale, qui doivent être ébarbés avec les ciseaux à branches recourbées L (p. 136). Cette opération est fort difficile : la beauté du tapis dépend, en grande partie, de la précision avec laquelle la *tonte* est exécutée.

La laine, employée dans le velours, se compose habituellement de six brins de nuances différentes, mais de valeur à peu près égale, s'harmonisant entre elles; dans certains cas, ces brins sont portés jusqu'au nombre de neuf. La combinaison de ces nuances exige, de la part de l'ouvrier, une aptitude particulière pour le coloris; il dessine avec ces brins de laine, comme le peintre avec son pinceau et sa palette, mais en procédant par points dont la plus grande superficie n'excède pas neuf millimètres carrés ; il arrive, selon la nature du modèle, à de très-remarquables résultats ; on ne peut mieux les comparer qu'à ceux de la mosaïque : ce qui est possible à l'artiste mosaïste, sous le rapport du dessin, du modelé, du coloris, l'est également à l'artiste tapissier, avec cette différence tout à l'avantage de l'œuvre de celui-ci, que les brins de laine, vus par bout, dont se compose la surface du velours, ne sont pas, isolément, aussi perceptibles à l'œil que chacun des cubes de marbre ou d'émail dont la mosaïque est formée.

Les laines et les soies teintes, appartenant aux deux fabrications des Gobelins, sont emmagasinées à proximité de chacune d'elles : 1° dans un magasin général, où elles sont disposées par écheveaux ; 2° dans un magasin de détail, où elles sont sur broches, prêtes à être employées. De plus, à chaque métier, est affectée une armoire particulière contenant les laines assorties par l'artiste, pour son travail, et celles qui lui ont déjà servi, mais qui pourront encore lui être utiles dans l'exécution de la tapisserie sur le métier.

Les artistes ouvriers, indépendamment du tissage des tapisseries et des tapis, ourdissent la chaîne, l'appliquent sur le métier, calquent et décalquent leur modèle (1), et assortissent les laines coloriées dont ils ont besoin. Les travaux s'exécutent sous la surveillance des chefs d'atelier (2), auxquels suppléent, en leur absence,

(1) Un peintre, attaché à l'établissement, était autrefois spécialement chargé de calquer les tableaux; mais on a reconnu qu'il y avait avantage à faire exécuter cette opération par les artistes-ouvriers eux-mêmes, et ces fonctions, exercées en dernier lieu par M. Drabot, ont été supprimées au commencement du siècle.

(2) M. Limosin, dit Laforest, dirige l'atelier des tapisseries depuis 1828. M. Legrand dirige l'atelier de tapis depuis le 1er septembre 1853, après avoir exercé, comme sous-chef, pendant 21 ans.

les sous-chefs (1) choisis parmi les anciens et habiles ouvriers; un peintre d'histoire, portant le titre d'inspecteur des travaux d'art (2), visite les ateliers, au moins une fois par semaine.

Les tapisseries occupent actuellement quarante-six artistes ouvriers, les tapis en occupent trente-sept. Le taux le plus élevé des traitements ne dépasse pas 1,900 fr.; l'émulation est entretenue par des récompenses, accordées à la perfection, beaucoup plus qu'à la quantité de tapisserie ou de tapis produite. On peut évaluer cette dernière, dans l'une comme dans l'autre fabrication, en moyenne, à trente-quatre centimètres carrés (3) par personne.

Le service des magasins occupe, pour les deux ateliers, huit personnes ordinairement choisies parmi les anciens artistes-ouvriers.

La manufacture renferme, en outre, un atelier de teinture, un laboratoire de chimie, des écoles de dessin et de tapisserie, un atelier de rentraiture, des galeries d'exposition. L'atelier de teinture occupe un chef teinturier (4), deux compagnons, un aide-compagnon et un manœuvre. Les travaux de cet atelier ont un caractère spécial qui exige un nouvel apprentissage de la part des teinturiers déjà formés au dehors, et appelés à y prendre part. Un seul exemple pourra donner une idée de la

(1) Les titulaires sont :
Dans l'atelier de tapisserie : MM. Duruy, Buffet, Gilbert. Dans l'atelier de tapis : MM. François fils et Bordot.

(2) Le titulaire actuel est M. Muller (Charles-Louis), nommé, le 1er juin 1851, en remplacement de M. Sébastien Cornu, peintre d'histoire, démissionnaire.

(3) Ou trente carrés d'un centimètre de côté.

(4) Le titulaire actuel, M. Lebois, originaire de Lyon, remplit ces fonctions depuis quatre ans, et a exécuté, avec beaucoup de zèle et de succès, la teinture des cercles chromatiques inventés par M. Chevreul.

multiplicité des opérations : il a fallu, pour les vingt-deux figures de l'Assemblée des dieux (1), d'après Raphaël, préparer vingt-huit gammes de vingt-quatre tons chacune ; les carnations, seules, ont employé vingt-deux gammes ou cinq cent vingt-huit tons, sans compter ceux qui ont été pris parmi les anciennes couleurs sur laine, en magasin.

Chaque nouveau modèle, mis sur le métier, exige un travail analogue et la préparation simultanée de toute la laine teinte qui doit être employée pour sa reproduction en tapisserie (2).

L'atelier de teinture est, en outre, chargé de teindre les laines et les soies employées à la manufacture de tapisserie de Beauvais.

(1) Partie de l'histoire de Psyché et de la décoration du palais Farnèse. La tapisserie dont il s'agit, commencée le 1er octobre 1848, a été achevée le 28 février 1852, d'après une copie par Papety. Elle figure à l'Exposition universelle de Paris.

(2) Une opinion très-accréditée attribue aux eaux de la Bièvre une qualité spéciale pour la teinture, c'est une erreur, fondée sur un état de choses disparu depuis des siècles, et que dissipe la seule inspection du cours de ces eaux salies par les résidus d'une multitude d'établissements industriels, buanderies, lavoirs à laines, tanneries, etc., situés en amont des Gobelins. Les ateliers de teinture n'emploient, aujourd'hui, que de l'eau de Seine filtrée.

Une autre erreur, qui se réfute d'elle-même, est relative au procédé employé pour la teinture écarlate ; jamais, dans l'établissement, on n'a nourri d'hommes d'une façon particulière, afin d'obtenir des eaux propres à cette teinture. L'administration des Gobelins a quelquefois reçu, à ce sujet, de singulières communications. La lettre suivante existe encore dans les archives de l'ancienne intendance : « *Je suis las de la vie et je suis disposé, pour en finir avec elle, à me soumettre au régime imposé aux teinturiers des Gobelins.* Pour vous donner une idée des services que je suis en état de rendre à l'établissement, je dois vous dire que *je puis boire par jour vingt bouteilles de vin sans perdre la raison.* Si vous voulez me prendre à l'essai, vous jugerez tout à votre aise de ma capacité. »

Nous avons sous les yeux une lettre écrite à M. le baron des

L'école pratique de teinture instituée aux Gobelins, en 1804, n'existe plus, dans sa forme primitive, depuis 1816, mais plusieurs élèves sont encore admis, par autorisation ministérielle, à suivre les opérations de l'atelier de teinture (1).

Chaque année, du 15 octobre au 15 janvier, il est fait, aux Gobelins, par le directeur des teintures, un cours public de chimie appliquée à la teinture.

Les deux écoles, de dessin, de tapisserie et de tapis, sont sous la direction d'un professeur de dessin (2) auquel un ancien artiste tapissier (3) est adjoint, en qualité de surveillant. Des élèves libres du dehors sont admis, en assez grand nombre, à suivre les cours de l'école de dessin qui embrassent le dessin élémentaire, l'étude de l'antique et du modèle vivant. Ce dernier cours, supprimé en 1792, rétabli en 1828, supprimé en 1848,

Rotours, de la prison de Melun, le 17 novembre 1823, par un Sr Peyrot, qui se trouvait dans une tout autre disposition d'esprit :

« Monsieur le directeur,

« J'ai entendu dire, plusieurs fois, que l'on admettait dans la maison dont vous avez la direction des personnes condamnées à des peines graves, afin qu'étant nourries avec des aliments irritants, elles procurent plus sûrement l'urine pour les écarlates que l'on y fabrique.

« *Me trouvant, malheureusement, condamné à la peine capitale, je désirerais terminer ma carrière dans votre maison*; veuillez donc, Monsieur, avoir la bonté de m'instruire s'il est vrai que l'on y admette *ces sortes de condamnés*, et quelle serait la marche à suivre pour y entrer.

« J'ai l'honneur, etc. PEYROT.

« A la maison de justice. »

(1) Un sous-directeur est attaché à cet atelier et au laboratoire ; ces fonctions sont remplies par M. Decaux, nommé le 18 octobre 1843.

(2) Le titulaire actuel est M. Abel Lucas, peintre et tapissier, élève de l'École des beaux-arts et de la manufacture des Gobelins.

(3) M. Chaussey, artiste tapissier de la Savonnerie.

rétabli de nouveau en 1850, a lieu chaque année, pendant quatre mois, du 1er novembre au 1er mars inclusivement. Quelques élèves de la manufacture des Gobelins apprennent de plus à dessiner au pastel, à peindre, et suivent les cours de l'École impériale des beaux-arts.

L'atelier de rentraiture occupe cinq personnes : un premier rentrayeur, deux anciens tapissiers rentrayeurs et deux ouvrières.

Le travail de cet atelier consiste à réunir ou *rentraire* les parties de tapis ou de tapisseries, faites séparément, sur le métier, à refaire les parties déchirées, trouées ou attaquées par les vers. Le rentrayeur fait à l'aiguille ce que le tapissier fait avec la broche ; il rétablit, en premier lieu, les portions de chaîne endommagées ou détruites, puis refait la trame, avec des laines de couleurs assorties à la tapisserie en réparation.

Les galeries d'exposition renferment une suite de tapisseries choisies dans les diverses périodes de la fabrication, et propres à faire juger des modifications et des progrès de l'art, depuis la fondation de la manufacture des Gobelins jusqu'à ce jour.

LISTE

DES DIRECTEURS DE LA MANUFACTURE DES GOBELINS, PAR ORDRE CHRONOLOGIQUE, DE 1663 A 1855.

Ch. LE BRUN, premier peintre du roi. (1).	1663-1690
P. MIGNARD, premier peintre du roi. . . .	1690-1695
ROBERT DE COTTE, architecte.	1699-1709
Jules ROBERT DE COTTE, fils du précédent, architecte	1709-1747
D'ISLE, architecte.	1747-1755
SOUFFLOT, architecte.	1755-1780
PIERRE, premier peintre du roi.	1781-1789
GUILLAUMOT, architecte.	1789-1792
AUDRAN, ancien chef d'atelier.	1792-1793
Augustin BELLE, peintre.	1793-1795
AUDRAN (réintégré).	1795-. . . .
GUILLAUMOT, architecte (réintégré). . . .	1795-1810
CHANAL, chef de division au ministère de l'intérieur, directeur par intérim. . .	1810-. . . .
LEMONNIER, peintre.	1811-1816
DES ROTOURS (le baron), ancien officier d'artillerie.	1816-1833
LAVOCAT.	1833-1848
BADIN, peintre.	1848-1850
LACORDAIRE, architecte et ingénieur. . . .	1850-. . . .

. . . . .

(1) Ces deux dates sont celles de l'entrée en fonctions et de la retraite ou du décès de chaque directeur.

LISTE

DES CHEFS D'ATELIER, ENTREPRENEURS DE LA MANUFACTURE DES GOBELINS, DE 1662 A 1792, ÉPOQUE DE LEUR SUPPRESSION (1).

Jean JANS. (Haute lisse.).	1662-1668
Henri LAURENT. (Haute lisse.).	1663-1670
LEFEBVRE, père. (Haute lisse.).	1663-1700
Jean DE LA CROIX. (Basse lisse.).	1663-1712
Jean-Baptiste MOSIN. (Basse lisse.). . . .	1663-1693
Jean JANS, fils. (Haute lisse.).	1668-1623
Dominique DE LA CROIX, fils. (Basse lisse.).	1693-1737
SOUETTE. (Basse lisse.).	1693-1724
Jean DE LA FRAYE. (Basse lisse.).	1693-1729
LEFEBVRE, fils. (Haute lisse.).	1697-1736
Étienne LE BLOND. (Basse lisse.).	1701-1727
Louis OVIS DE LA TOUR. (Haute lisse.). . .	1703-1734
Jean-Jacques JANS. (Haute lisse.).	1723-1731
Étienne-Claude LE BLOND. (Basse lisse.). .	1727-1751
Mathieu MONMERQUÉ. (En basse lisse, de 1730 à 1736; en haute lisse, de 1736 à 1749.).	1730-1749
Michel AUDRAN. (Haute lisse.).	1733-1771
COZETTE. (En basse lisse, de 1736 à 1749; en haute lisse, de 1749 à 1788.). . .	1736-1788
Jacques NEILSON. (Basse lisse.).	1749-1788
Daniel-Marie NEILSON, fils (2). (Basse lisse.).	1775-1779
AUDRAN, fils (3). (Haute lisse.).	1772-1792
COZETTE, fils (4). (Haute lisse.).	1788-1792

(1) Toutes les tapisseries portaient autrefois, sur la lisière, ou même sur le champ de la composition, le nom du chef d'atelier qui les avait exécutées; étant donc donnés les noms et la durée de la vie active de tous les entrepreneurs qui ont dirigé les ateliers des Gobelins, il sera toujours possible de déterminer l'origine d'une pièce quelconque de tapisserie exécutée dans cette manufacture, et l'époque approximative de sa fabrication.

(2) Associé à son père en 1775.

(3) Nommé directeur le 4 septembre 1792.

(4) Conservé comme simple chef d'atelier en 1792.

TABLE DES MATIÈRES.

CHAPITRE PREMIER.

CHAPITRE DEUXIÈME.

CHAPITRE TROISIÈME.

CHAPITRE QUATRIÈME.

CHAPITRE CINQUIÈME.

www.ingramcontent.com/pod-product-compliance
Ingram Content Group UK Ltd.
Pitfield, Milton Keynes, MK11 3LW, UK
UKHW021054200726
13857UKWH00003B/912